除了野蛮国家,整个世界都被书统治着。

后读工作室
诚挚出品

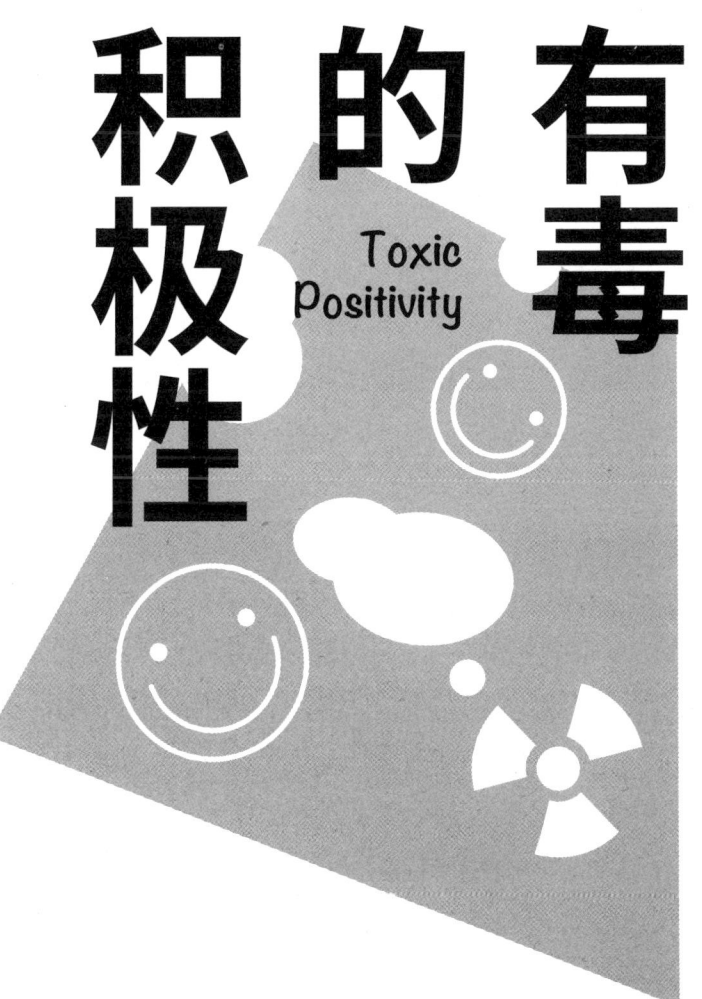

有毒的积极性

Toxic Positivity

[乌克兰] 蔡斯·希尔（Chase Hill） 著

彭颖 译

人民东方出版传媒
People's Oriental Publishing & Media
东方出版社
The Oriental Press

引言

我们大多数人都喜欢充满矛盾的修辞手法,比如"活死人",虽然从逻辑上讲并不合理,但的确是非常确切的表述。最近又出现了一个看似不合情理的词语组合:"有毒的积极性"。如果你还活着,就一定不是死人。那么,如果某样东西是积极的,又怎么可能会有毒呢?

任何一个曾经遭受消极思维模式困扰的人,最终目标都是想要变得积极向上。这个世界上有那么多积极的人,充斥着积极的信息,足以激励我们学习这种乐观的心态。我们有各种表情包梗图和成功学大师,还有那些不会受到任何事情影响的朋友。那就是我们努力的目标。

通常，矛盾修辞法的关键就是要强调冲突，让我们意识到词汇表达的复杂性。积极性本身并没有害处，但有毒的积极性是一种极端情况，一些人会借此来强行驱散消极想法。

有毒的积极性是一个可恶的陷阱。它看起来闪亮而耀眼，更被当今的流行文化打磨得异常光鲜。我们不愿接纳自己多种多样的情绪，也没学会如何恰当应对，而是在脸上挂着微笑，声称一切都很完美。

在我们的生活中，也会有一些人宣扬有毒的积极性。例如，你今天过得很糟糕，而伴侣或朋友并不愿意倾听你的感受，而只是引用一句华而不实的电影台词作为回应。

大多数时候，他们甚至意识不到自己的做法有问题，更糟糕的是，人们往往觉得这种建议是有益的。这么做当然比面对真实的感觉要容易。只要"想些开心的事情"就可以解决问题了，至少大家都是这么认为的。

有毒的积极性会令人上瘾。无论是你自己的想法还是别人的建议，大家都会说一句"哈库呐玛塔塔"①之类的话，然后跟着《狮子王》里的歌曲《无忧无虑》一起唱。在那一刻，我们感觉好多了。

于是下一次，当我们又产生了负面的想法和情绪时，就开始哼唱起同一首欢快的曲子。我们竖起了一道错误的屏障，把消极的感觉挡在外面，让自己生活在"积极的假象"里。经常产生这种感觉的人并不止我一个。

我们必须学会如何在两个极端之间找到平衡点！

我们无法肩负着沉重的负面情绪生活，但也不该回避自己的真实感受，走向另一个极端，让自己步入有毒积极性的陷阱。通过阅读这本书，你将学到一些技巧，可以帮助你理解自己的感受，调控消极的想法和情绪，而不是把它们推到一旁，置之不理。

---

① 迪士尼电影《狮子王》中，丁满和彭彭的经典台词，意为忘却烦恼、无忧无虑。——译注

我们的探索之旅即将开启。第一站是了解有毒的积极性及其陷阱。之后，我们将研究各种各样的情绪，以寻求如何用恰当的方式应对每一次经历，收获最佳结果。

生活注定会带来一些挑战和需要克服的障碍。但另一方面，它也为我们提供了完善自身技能、获得成长的机会。与其把这些挑战看成是负面的，或者用有毒的积极性来掩盖它们，还不如学习怎样以健康的方式应对所有的情绪。

我花了十几年的时间来学习掌握这种平衡。20多岁的时候，我的生活被消极想法掌控，几乎失去了一切，包括工作和女朋友，但更严重的是，我失去了对自己的认知。

我觉得自己很软弱，不够自信，责怪自己没有对源源不断侵入头脑中的念头做点什么。很多文章和TED演讲都在宣扬积极思考的力量。然而不幸的是，人们把这件事看得过于简单了，就好像我们所要做的仅仅是告诉自己要积极乐观，不论情况如何，都要找到光明的一面。

你可以想象，这种大众心理学的建议一定来自那些原本就自信心爆棚的人，他们敢在数百人面前登台演讲，宣扬这个理念。然而不幸的是，对于一个自卑到几乎不敢下床的人来说，情况显然是截然不同的。

经过 6 个星期的努力尝试，我的情况反而变得更差了。那些消极想法并未好转；事实上，内心中有个声音告诉我，做出这种尝试本身就很愚蠢。我开始喝酒，日益发胖，看不到自己的未来。当听到一个朋友安慰我"知足常乐"时，对于这种有毒的积极性，我的愤怒油然而生。

我在网上搜索了一下"为什么人们会说知足常乐"，从此开始了对不同心态和消极思维的研究。通过深入研究心理学，我了解了大脑是如何工作的。我逐渐找到了一些有意义的策略，当然也尝试了很多无用之法。

我看到自己的生活开始发生变化，由此决定也要去帮助别人。我把自己的时间投入更多的学习和研究之中，直到能够放弃一份毫无意义的工作，成为一名有济慈的人生教练和社交互动专家。多亏了这样的改变，我得以看到数百人的生活迎来了变化，他们每个人都曾面临各种困扰，苦苦挣扎。

也许你无法获取专业的帮助，或者已经尝试过一些方法，但是不起作用。鉴于这个原因，我选择着手撰写一套分析思维模式和情绪的书。听取了来访者和读者们的意见后，我觉得我们需要彻底了解有毒的积极性，明白其危险性，这样才能让更多的人找到摆脱困境的出路。

如果你不确定自己是否有能力改变，这也是人之常情。但我始终强调，对思想态度做出任何改变都需要一个过程。所以，你不必担心要立刻离开自己的舒适区，而是可以逐步接受改变。

请先记住这一点。然后，我们需要了解的第一个问题就是，何谓有毒的积极性。

目录

第1章
警惕！令人窒息的积极性文化 _001

什么样的积极性有毒？	005
那些随处可见的"有毒"信号	007
忘不了的"白熊"	010
是什么让有毒的积极性愈演愈烈？	012

第 2 章
强行积极，毒性究竟有多强？ _019

压抑情绪，只会适得其反	022
潮流有危险，跟风需谨慎	026
毒害个人心理健康的五大因子	029
有毒的积极性何以危害全社会？	035

第 3 章
如何避免掉入有毒积极性的陷阱？ _039

有毒积极性的九大陷阱	041
接纳痛苦，替换有毒的积极肯定语	060
停止自我欺骗，勇敢追求目标	063
营造充满同情和共情的工作氛围	066
别把有毒的积极性传给下一代	072
强行乐观不是真正的乐观	074

第 4 章
培养健康思维，平衡积极与消极 _077

积极和消极可以同时存在吗？　　　　　　　080

培养健康思维的 9 种有效方法　　　　　　084

第 5 章
掌控大脑，你的情绪你做主 _117

情绪与大脑，这是个复杂的问题……　　　120

掌控你的情绪，只需 6 步　　　　　　　　130

如何应对元情绪？　　　　　　　　　　　136

记录情绪日记　　　　　　　　　　　　　138

第 6 章
感觉低落也没关系！
轻松应对负面情绪 _143

负面情绪真的负面吗？	145
应对情绪、避免负面结果的 5 种方法	158
怎样进行一场困难的谈话？	165
正确的措辞，对情绪管理至关重要	167

第 7 章
重塑消极想法，追求真正的乐观 _173

停不下来的过度思考	175
RAIN 四步法，让你保持正确的方向	180
重塑影响思维的 15 种认知扭曲	185
控制过度思考和焦虑感的应急小技巧	192

第 8 章
人生无常,六大原则助你渡过难关 _195

从简单的挑战开始,重塑自信	198
调整心态,为自己负责	201
从错误中吸取教训	203
关注客观现实,打破固化思维	205
接纳痛苦,人生因苦难而成长	208
合理驾驭情绪,应对突如其来的坏消息	211

第 9 章
当有毒的积极性来自他人 _217

与其反驳,不如直接表明内心感受	220
为"中毒"的人提供帮助	223
谨防自恋者的操控	225
让更多的人了解有毒的积极性	229

结　语 _231

第1章

警惕！令人窒息的积极性文化

假如你从未听过"有毒的积极性"这个说法，这没什么好奇怪的。然而，这并不意味着你没有亲身经历过。说起来，你很可能也曾犯过同样的错误。但不要因此苛责自己。有毒的积极性已经在社会上广为流传，我们或许都能想起自己在某一时刻曾经这么做过。

首先来看一些例子，借此了解有毒的积极性这一复杂的概念。

萨米已经大学毕业了，却发现自己找不到工作，因为她把时间全都用在了学习上，没有任何工作经验。结果就是，她连在快餐店应聘都竞争不过18岁的年轻人。起初，她仍然保持积极，热切地参加各场面试，但每一次拒绝无疑都是对信心的一次打击。

妈妈告诉她，好好学习，付出终会收获回报。朋友告诉她，工作就像公共汽车，你等了很久都没有车，然后5辆车一口气都来了。18个月后，萨米已然面临着被房东扫地出门的境地。一想到不得不搬回家住，她就觉得十分丢脸。但是，她的妈妈仍然在说："明天就会有新的机会出现了。"

萨米将她4年的大好青春都用来攻读学位。这个学位本应帮助她在自己的领域获得一份工作。相反，一年半以来，她饱受冷眼拒绝，完全有权利感到愤怒和沮丧。但她不能这样做，因为大家都告诉她，凭这种态度是永远也找不到工作的。

当儿子被诊断出患有癌症时，杰森经历了为人父母所能遭遇的最痛苦的事情。这场斗争漫长而艰难，眼看着儿子忍受病痛折磨，他心碎不已。像许多遇到这种情况的父母一样，他求助于网络论坛寻求建议和支持。他收到的评论包括"保持微笑"和"你是个了不起的父亲"。

为了儿子，杰森用尽了全部的精力和能量来保持坚强。他并不想笑，也不需要别人夸奖他是个好父亲。相反，他需要表达自己的悲痛；他需要知道，感到恐惧和受伤是没有问题的。

当深陷人生至暗时刻之时，我们需要身边亲友们的支持。我们需要有人倾听、有人陪伴。萨米和杰森都没能从他们收到的那些无关痛痒的建议中获得安慰。尽管大家没有任何恶意，但这一切让萨米和杰森觉得自己才是坏人，就因为他们产生了负面的情绪。这种想法只会令他们雪上加霜。

什么样的积极性有毒？

有毒的积极性强调必须乐观，而不管情况究竟有多糟。我们把负面情绪视为一项弱点，压抑自己的消极想法和情绪，想要保持积极思考。积极性固然很好，但是如果由此否定或贬低真实的情绪，就会变成坏事。

想象一下，积极情绪就好比是一种锻炼方式。整天瘫在沙发上当然对身体没有好处；然而过犹不及，过度锻炼也有其不利的一面。

当你被迫开始锻炼时，并不会奇迹般地变得更加积极。相反，整件事情可能会让你感觉更差，甚至对自己懒散的生活方式产生罪恶感。

人类有一套奇妙的情绪谱系，并没有哪一种情绪比其他情绪更高级。每种情绪都占有一席之地，也有其存在的理由。例如，当我们感到害怕时，战斗或逃跑反应就会启动——这是一种至关重要的生存机制；当我们感觉生气时，则可能是因为有人伤害了我们。

想想吧，在过去一两天里，你有多少次被人问"你好吗"？你有多少次回答"很好"或是"还好，谢谢"，实际上内心却感觉糟糕透顶？这就是有毒的积极性。你不想说出自己的真实情况，因为这有悖于我们应该发出的正能量。

那些随处可见的"有毒"信号

有毒的积极性可以表现为多种形式,可能来源于内心,也可能来自外部因素。

以下就是有毒的积极性在日常生活中最常见的迹象:

- 掩饰自己的感受,不懂得如何正确表达。
- 自我否定,认为负面情绪是"不应该的"。
- 被他人影响,为自己的情绪感到内疚。
- 缺乏同理心,不去倾听他人的难处。
- 对事情进行理性分析,忽视真实的感受。
- 无脑斥责别人的消极情绪。
- 因为消极情绪而受到他人的羞辱,陷入自我怀疑。
- 忽视客观问题,告诉自己"一切都会好的"。
- 一遇到困难,就对自己重复积极肯定语。

为了进一步了解在如今的生活中，有毒的积极性已经达到了何种程度，一起来看看这些典型的话术吧：

- 只要保持/变得积极向上就好。
- 往好的方面想。
- 知足吧。
- 万事皆有其因。
- 快乐在于你的选择。
- 好事会降临在耐心等待的人身上。
- 想想开心的事情。
- 你一定会克服这个困难的。
- 永远不要放弃。
- 覆水难收，后悔无用。
- 不要这么消极。
- 不要担心，开心一点。
- 抬起头来。

这些句子我们经常听到，很难想象它们能造成什么伤害。然而，这样的话可能造成的破坏是难以置信的。如果快乐是一种选择，那就意味着是我们自己选择了悲伤和沮丧。虽然有决心是好事，但如果我们采取的态度是永远不放弃，就有可能把时间浪费在毫无效果的解决方案上。放弃并不意味着离弃了目标，而是要找到一种更有效的方法来实现它。

忘不了的"白熊"

下一章将探讨有毒的积极性为何会带来危险。不过现在，至关重要的是理解白熊效应，也被称为"讽刺性反弹理论"。当我们用积极情绪来掩盖消极情绪时，基本上就是在告诉自己不要去想它们。然而，试图不去想某件事情反而会让我们更多地去想它。

白熊效应来自思维抑制理论的奠基人丹尼尔·韦格纳（Daniel Wegner）博士开展的一项实验。首先，一组参与者被要求说出5分钟内自己的所有想法，同时不要去想"一头白熊"。然后，另一组人被要求做同样的事情，但要想着"一头白熊"。结果显示，被要求别去想白熊的那组人反而会想得更加频繁。

这是一个简单的实验，你可以自己试一试，以验证它的真实性如何。想象一下你最喜欢的食物，然后让自己在接下来的 5 分钟里不要去想它，继续阅读本书后面的内容。读书过程中，每当这种食物出现在你的脑海里时，就在纸上画一个叉。你会发现，告诉自己不要去想你最喜欢的食物，并不会使它的图像在你的脑海中消失。

临床心理学家杰米·祖克曼（Jamie Zuckerman）博士解释说，由有毒的积极性引发的对负面情绪的压抑，可能反而会增加焦虑和抑郁。第 2 章将更深入地介绍这一点。

是什么让有毒的积极性愈演愈烈？

回想一下 20 世纪 80 年代。那会儿电视频道很少，也没有互联网。当时并没有 24 小时的新闻频道，人们会在特定的时间坐下来看新闻，当然有时也会读读报纸。总之，大家不像现在这样，有那么多机会接触到负面信息。

互联网让我们有机会实时了解世界上发生的事情，但仍然需要我们去主动搜索自己想听到的故事。之后，社交媒体出现了。它有着理想的功能，让我们可以同朋友和家人保持联系，一起分享照片和视频。然而没过多久，我们的首页上就开始出现种种负面内容。

随后，有毒的积极性改变了我们在社交媒体上的发言方式。在早些时候，人们可以发布帖子，讲述自己正在经历一段艰难的时期，之后就会收到支持的信息——"如果你需要聊天就打电话过来"或"如果你需要，我就在这里"。

而现在，"网络喷子"会跳出来留下伤人的言论，并羞辱其他发帖子的人。我们害怕发表自己的感受，唯恐受到网络霸凌。所以取而代之的是，我们开始只发积极的内容了。

时尚探闻咨询公司（Fashion Snoops）的文化总监卡雷拉·库尔尼克（Carrera Kurnik）解释说，我们在社交媒体上看到的"炫富文化"是一种趋势，人们试图以尽可能优越的方式展示自己的生活。然而不幸的是，这只会给有毒的积极性火上浇油。

例如，完美的家庭合影都是滤镜和修图的结果。其他人看到这些不切实际的画面，就会对自己的生活感觉更加失望。然而实际受到伤害的恰恰是这些上传虚假照片的人。他们只会躲在图片背后，而不是去寻找改善生活的方法。

新冠疫情也令有毒的积极性明显增长。这可能是我们在认识到有毒的积极性之后所触及的第一个全球性问题。在我写作本书期间，已经有近 500 万人死于新冠病毒。我们究竟为什么还要积极乐观？那是 500 万个失去亲人的家庭啊！有些家庭甚至失去了多位亲人；其他一些人则失去了工作和住房，面临着前所未有的沉重债务；我们还在出行、工作以及很多方面受到了种种限制。

即使在我写下这段文字的时候，整个世界仍然笼罩在巨大的不确定性中。或许病毒看起来已得到控制，但疫情并没有彻底消失。那些无法旅行的人可能已经有近两年没有见过家人了，现在他们能够旅行了，又会对安全问题产生新的担忧。还有一些患有轻度社交焦虑的人可能会害怕离家。

同时，也有些人觉得病毒是一场骗局，拒绝遵循疾控中心的指导方案。一些人故意对着别人咳嗽甚至在超市里舔东西的视频在网络上疯传开来。这样的事情令人恶心和气愤。

然而，那些教导大家保持积极的图片同样让我们深受困扰。就算是撇开自身的悲伤、恐惧和愤怒之感不谈，世界上的坏事也已经够多了。即使你自己没有失去亲友，面对将近 500 万人的死亡，感到悲伤是人之常情。如果有人跟我说"至少你的家人都还没事"，并不会让我感觉好受一些。如果我无视自己的悲伤，就无法与那些失去亲友的人共情。

我承认，即使已经对自己的感受有了多年了解，这场疫情对我的情绪状态仍是一次真正的考验。我经常难以置信地看着新闻，质疑未来会是什么样子。有时，我甚至会为自己的健康担心。毕竟，我们都只是凡夫俗子。

我没有低估这些情绪的力量，也不会试图掩盖它们。和白熊实验一样，我知道如果这么做，这些感觉只会更频繁地出现，甚至比以往更强烈。

新冠疫情有好的一面吗？有的。封锁期间，污染明显减少；很多人都可以有时间放慢脚步，花点工夫重新审视自己的生活；整个社区团结在了一起；我们对那些努力为无助的人们解决困难的社会支柱行业工作者更加感恩了。

我们听说过像汤姆·摩尔（Tom Moore）上校那样的故事，他以99岁高龄在自己的花园里跑圈，希望为英国国民医疗服务体系筹集1000英镑。最终，他筹到了超过1200万英镑。即便是在这段充满挑战的时期，这些故事都是充满希望和激励人心的例子。

但最为重要的是，不要带着玫瑰色的眼镜来看待这场大流行病。我们的负面情绪并不是没有道理的！

相反，较之以往任何时候，我们必须更多地倾听自己的负面情绪。如前文所述，这些想法和感觉往往是为了生存而出现的。如果压抑自己的想法，不去害怕感染新冠，我们可能会变得漫不经心，不再戴口罩，不注意保持社交距离，也懒得以正确的方式洗手。

对大多数人来说，这是我们第一次经历这种致命的大流行病。没有人真正知道在这种情况下应该怎么做。这就是为什么那些毫无意义的号召人们保持积极的信息如此常见。所以，请再次注意，如果你已经遇到或仍然处于这种情况，不必感到难受。

当你开始思考有毒的积极性对你意味着什么，以及它是如何影响你的生活时，要记住关键的一点：积极性本身并不是有毒或有害的。我很清楚，对我自己和其他许多人来说，要不是那些在新冠疫情期间听闻的正能量故事，日子会更加难熬。正是这些故事给我们带来了希望。

我们的目标应该是增加自己生活中的积极性，寻找更多的快乐。我们要学习如何做到这一点，但是与此同时也必须明白，消极的思想和情绪确实存在。

为了找到完美的平衡，我们必须认清这些情绪，然后学会如何管理它们。如果不这么做，就好比给消极的断腿贴上一张积极的膏药，并不能根治任何问题。

有毒的积极性其实是消极思维的一种极端情况。你可能已经了解并经历过消极思维的危险。毕竟，关于消极思维的研究已经持续了很长时间。

如果我们忽视自己的情绪，只会遭受更多的痛苦，也可能导致可怕的后果。下一章将介绍为什么有毒的积极性会损害身体健康和人际关系。我们也有必要了解，为什么有毒的积极性正在危害社会。

第 2 章

强行积极，
毒性究竟有多强？

在第 1 章，我们谈到了有毒的积极性这个概念。本章讨论的是，如果用虚假的乐观主义来取代真实情绪，会发生什么。

首先，我们研究了白熊效应，即人们越是压抑某些特定想法，反而会想得越多。

接下来，我们将考察被压抑的情绪，就是那些被我们压下去、拒绝承认的情绪。但其实我们永远也压不住自己的情绪，它们总有办法悄悄溜出来。

压抑情绪，只会适得其反

在研究过程中，我找到了一个非常中意的类比，就是将压抑的情绪比作能量——别担心，不是正能量！万物皆有能量，但能量并非始终处于平衡状态。如果想达成这种必要的平衡，一个自然而然的方法就是把多余的能量释放出来。

请把你的负面情绪想象成能量——一味压制只会令它以另一种方式释放出来。如果遭到了老板不公的批评，你可能会咽下这口气，但之后依然觉得愤怒，于是将火发泄到下属身上。这就是所谓的转移。

这种愤怒当然也可能向你的父母、伴侣或孩子转移。

我们压抑自己的负面情绪，是因为不想让别人觉得我们不讨人喜欢。没有谁想成为房间里的"扫兴鬼"。讽刺的是，压抑的情绪反而会令我们在最亲近的人面前变得不太可爱，因为我们的表现其实并没有自己想象中那么快乐。

说到压抑和隐忍的问题，两者之间有所区别，但都很危险。压抑情绪是一种主动的行为，我们的想法可能激起某些情绪，而我们会选择将其忽略。隐忍情绪则是一种无意识的行为。

《国际心理治疗实践与研究杂志》（The International Journal of Psychotherapy Practice and Research）列出了多项研究，以阐明压抑情绪的危险性。

- 压抑自己情绪的人更容易生病，因为他们抑制了自己的免疫系统。
- 工作场所中持续的情绪压抑会导致精神紧张、心率加快和焦虑，也会影响对工作的投入程度，因此导致生产力下降。
- 一项研究表明，因头晕和头痛等常见症状前去就诊的病人之中，84%的人诊断不出医学病因，这意味着他们存在社会情绪方面的问题。
- 努力试图调节自己情绪的人更容易遭遇药物滥用、睡眠不规律、营养不良和饮食失调问题。

尼基是一位普通的妈妈，全职工作并照料三个孩子，生活很有规律。但疫情来临后，实施了各种限制令，突然之间，5个人都待在了家里——一天24小时都在一起。做饭和清洁的任务翻了一倍，她还得辅导孩子们完成学校功课，同时又要适应远程办公。

起初的几天颇有新鲜感，每个人似乎都很享受这种脱离常规的生活方式。不幸的是，在第四天，孩子们开始争吵。尼基的丈夫面临自己工作上的压力，也没怎么帮上忙。为了应对那些额外的责任，她只得熬夜和早起。

撇开性别问题不谈，这样的场景让人很能感同身受，尼基也和我们其他人的做法一样。她尽力往好处想——家人们很健康，她还有工作可做，餐桌上的食物也够吃。她劝告自己，困难只是暂时的，只要她继续努力，保持坚强，一切都会好起来的。

然而，疲惫感逐渐袭来，尼基开始对家人变得不耐烦。这让她感到内疚，因为家人并没有错。于是她以工作为借口，开始花更多的时间独自躲在房间里。这样一来，讨厌的情绪就不会流露出来了。她时常感到呼吸不畅和轻微头痛，但强行忽略了这种不舒服的感觉。

直到她因胸口疼痛而不得不去医院时，急诊室的医生才告诉她，是轻度的心脏病发作。对一个相对健康的 40 多岁的女性而言，这是一个令人震惊的消息。

潮流有危险，跟风需谨慎

严格来讲，瑜伽和冥想并非一时的潮流。它们已经存在了几千年，给无数人带来了平静与领悟。就像互联网和社交媒体一样，只要正确使用，瑜伽和冥想就能对身心健康产生积极影响。我们将在稍后讨论这些益处。

这些古老的精神修习方法以一种现代的方式重新进入了世界。现在人们普遍认为，积极的思考可以带来正面的结果。然而，这种做法并非一定会有帮助。

危险来自缺乏经验或资质不够的教练，他们认为在瑜伽和冥想的训练中，需要不断重复积极肯定语，以激励人们活在当下，享受此刻的喜悦和顿悟。并不是说积极肯定语没有用，恰恰相反，我试过很多次，很清楚它们确实有效。

然而，跟风去上瑜伽课，听从教练的指导，呼吸并唱诵"我爱我自己"或"最好的即将到来"，这种有毒的积极性热潮并无助益。如果你对现在的自己不满意，这些老师不可能让你爱上自己。他们当然更不能保证好日子将会到来。

这只是安慰剂效应。课堂环境令你沉浸其中，相信了这些话。然而，一旦面临现实世界的紧张压力，消极的想法和情绪便会重新浮出水面。

一些潮流带来了解放，使大家能够公开谈论自己的感受。例如，话题标签和社会运动让我们能够自由地谈论诸如气候变化、权利平等和移民等全球性问题。

社交媒体也令我们得以看到一些勇敢的医生和护士在新冠大流行期间崩溃了，表达出了自己的真情实感。他们的工作激励着我们，他们的表现则告诉我们，可以不必总是保持积极或盲目的乐观。

但潮流也可能具有一定的危险性，因为它们来去匆匆。人们被那些流行的活动深深吸引,尚未意识到其潜在的危险。瑜伽课对心理健康有帮助吗?有的。但它能卓有成效地让你成为一个积极的人吗?未必,不去额外下功夫是不行的。

毒害个人心理健康的五大因子

有毒的积极性会以 5 种主要的方式损害你的心理健康。第一种与压抑自己的感受有关。

1."情绪罐子"不断堆积

抑制和压抑情绪会助长消极的思维循环。

为了深入了解心理健康问题,我对理解大脑的工作机制非常感兴趣。在一个典型的大脑中,杏仁核(警报中心)和前额叶皮层(控制逻辑行为)是协同工作的。但是一旦杏仁核感知到威胁,无论真实与否,都会打破两者之间的连接。

威胁消失后,这种连接并不会立即恢复正常。杏仁核会继续发送警告信息,而你无法做出有逻辑的反应。磁共振成像显示,和抑制自己情绪的人相比,在那些承认自己情绪的人的大脑中，杏仁核和前额叶皮层之间的信号传递活动更加显著。

如果你持续收到警告信息，但又不能从逻辑上进行分析和验证，就会开始经历更明显的压力、焦虑和抑郁。被封存进罐子里的情绪会变得危害更大，更难克服。

例如，如果失去了一位亲友，你需要时间来哀悼，来消化自己的感受。你并不需要有人告诉你，逝者已经去往一个更好的地方。

2. 朋友只在"好天气"出现

要想给生活带来更多快乐，朋友和社会关系是不可或缺的。这并不意味着你需要几十个朋友才能活得开心，少数亲密的朋友就可以提供强大的支持系统，增加你的归属感。

一般来说，朋友有两种。如果一个朋友无论如何都愿意陪在你身边，并且可以完全坦诚相待，那么他就是一个"坏天气"的朋友。这个词听起来糟糕，但实际上非常有益。这种类型的朋友可以靠得住，与你风雨同舟。

"好天气"的朋友是那些在顺境时陪伴你的人,但一旦出现真正的问题或困难情况,他们就会消失。他们可以跟你度过美好时光,但一有风吹草动就会跑掉。

例如,你一直在尝试备孕生孩子,感觉就像一个无休止的过程。一个"坏天气"的朋友会倾听你的挫折和恐惧,而一个"好天气"的朋友只会告诉你,现在时机未到。

3."情绪假笑"搅乱大脑的反应

难过时,你的大脑会做出相应的反应。但如果你假装微笑或者勉强说一切都好,大脑就会接收到混乱的信号。它无法应付这种情况——身体也一样。

与此同时,解读你肢体语言的人也会感到困惑。我们都看过牙膏广告,模特脸上带着大大的假笑。我们可以通过高高挑起的眉毛辨别出假笑。当肢体语言发出矛盾的信号时,人们会不知道如何回应,我们可能会因此错失一些宝贵的支持。

例如,你错失了心仪已久的升职机会。你用尽一切努力不生气，不显得情绪化。你的手在颤抖，但你仍然扯出一副笑容。同事们可以看出你不高兴，可你假装出的积极态度会让人觉得你不想谈论此事，而这又会进一步压抑你的情绪。

4. 越消极，越内疚

在某些情况下，我们会根据自己的感受来进行自我评判，特别是在社交场合。如果认为别人不希望我们消极思考，我们反而会更加难受。我们因为没有保持积极而感到内疚。

例如，你正在参加一个聚会，而你的身体语言并没有发出快乐的信号。有人问你怎么了，你回答说："没什么，我玩得正开心呢。"这时你就会感觉很难受，因为你其实很想回家，但又觉得自己应该玩个痛快。

5. 对他人的痛苦视而不见

共情是理解他人情感的能力。如果永远以阳光的视角来看待生活，你会认为世界上的一切都很美好。但这也可能导致你将他人的痛苦看作毫无意义，或对此视而不见。

我们很可能只看到了更宏大的积极图景，而忽视了构成整个故事的那些小细节。这点已经在一项针对 10 ~ 11 岁儿童的研究中得到了证实。快乐和悲伤的孩子分别被要求寻找一个内嵌的物体，结果快乐的孩子比悲伤的孩子花费了更长时间才找到目标。造成这种认知能力差异的原因，就是快乐的人往往会关注更大的图景。

例如，在家庭聚会上，你浑身散发出积极的气息——一切都很完美。你根本想象不到你的表弟遭遇了困境，正在努力克服，因为一切看起来都如此美好。你弱化甚至否定了他人的情绪。

> 小练习

思考有毒的积极性

现在你更清楚什么是有毒的积极性了，想一想：它是如何影响你的生活的？是否有某些人在推动有毒积极性的观念？或者你可以回想一下：自己什么时候给别人提过有毒的建议？

在思考有毒的积极性对你的心理健康的影响时，还可以再考虑一下其对整个社会的潜在危险。你想到什么了吗？

有毒的积极性何以危害全社会？

诸如"我也是"（MeToo）这样的社会运动，让人们能够对虐待行为大声说"不"。社会已经取得了进步，但有毒的积极性可以迅速破坏这一进展。在 2020 年，有 29 项研究关注了家庭暴力和积极性偏见。这些研究表明，过度乐观可能会致使那些处于虐待关系中的人低估虐待的迹象。你是否应该宽恕一个在言语或身体上存在虐待行为的伴侣，让这件事从此翻篇呢？在这种情况下，只看光明的一面会鼓励人们与虐待自己的伴侣待在一起。

所有的关系都需要沟通，更重要的是，沟通必须是坦诚的。如果我们必须向所爱之人隐藏自己的情绪状态，那么双方的关系就没有建立在信任的基础上。我们告诉身边的人，我们今天过得很好，不希望把自己的负面情绪传染给对方。但实际上，这只不过是一个谎言。

上述所有情况都可能导致一种孤立感。因为与其带着虚假的微笑，靠重复一些积极的语录来帮助你渡过难关，还不如待在家里更轻松、更安全。

在上文中，我们已经谈到了失去亲人的痛苦。无论是否与新冠疫情有关，人们都需要依次经历悲伤的各个阶段。这可能要用上几周乃至好几个月，没有固定的时间表。匆忙应对或者跳过某个阶段反而可能会使整个过程变得更长。当我们听到"是时候放下了"这样的建议时，会感受到一种压力，觉得自己必须走出消化悲伤的过程。

对许多人来说，如果迫于压力必须在逆境中表现出快乐，会让他们产生孤立无援之感，对自己的情绪感到羞耻。他们可能会觉得自己的孤独和抑郁是一种耻辱。正因如此，据美国精神病学协会估计，患有心理疾病的病人中，有一半未能寻求必要的医疗帮助。

尽管名为"积极"，但有毒的积极性是有害的，会对我们的健康造成严重后果。虽然也有些方法能提供一定的帮助，但某些人会受到不止一个心理健康问题的困扰，甚至需要专业帮助。这并不丢人。

本章中的任何内容都不是为了耸人听闻。有毒的积极性仍然是一个全新的领域，许多人根本无法想象一句不当的积极性言语所能带来的危害。对于一个与消极思想作斗争的人来说，要转变想法就更难了，他们还在为自己不够快乐而感到羞愧。

有毒的积极性究竟会如何影响你的生活呢？如果你对此难以察觉，下一章将揭露某些极易掉进的陷阱。

第3章

如何避免掉入有毒积极性的陷阱?

有毒积极性的九大陷阱

第 1 章已经揭开了一些最常见的有毒积极性的陷阱及其标志。在接下来这关键的一章里，我们将仔细研究这些陷阱，并采取建设性的策略来应对。

陷阱 1：掩饰自己的感受，不懂得如何正确表达

有时，我们会害怕别人对我们的情绪所做的反应，这就是为什么我们要有所隐藏。我们可能担心别人否定我们的感受，或者怕他们生气或难过。尽管看上去很难，但你必须记住，你只能对自己的情绪负责。因此，如果某人对待你的方式让你感到不安，你必须考虑自己的健康，更关键的是要表达自己的感受。

在表达情绪时，如果能聚焦自己的感受，而不是对方的行为，将会很有帮助。为此，我们可以使用以"我"为主语的陈述句。

看看这两句话之间的区别:

你在朋友面前不尊重我,让我很生气。

你在朋友面前不尊重我,我觉得很生气。

两句话之间只有一个微小的差异,但如果用第二句的表达方式,听众就不会感觉自己受到了攻击。

如果你打算尝试更多地坦露自己的感受,请从最信任的人起步。也许你还没有准备好与那些激起你负面情绪的人对抗,那么就先同愿意耐心倾听的朋友交谈吧,这样一定会对你有所帮助。

小练习

情绪日记

如果你还没有开始行动,我强烈建议你试试写情绪日记。对重度抑郁症的研究表明,连续三天进行20分钟的表达性写作,可以明显减轻抑郁症状。

写日记的时间没有对错之分。通常情况下，这取决于你是习惯早起还是喜欢熬夜。当你情绪高涨，或者想记下最近的经历时，也可以随时伸手去拿纸和笔。下面是一些提示，可以帮助你更有效地记录心情。

1. 选择适合你的日记形式。不要以为一定得用纸和笔，如今许多人都会选择电子日记。

2. 每次都要先写日期。这将帮助你在回首往事时，记起自己经历的一切。

3. 保持诚实。我们经常会想象人们在未来哪天读到了我们的日记，但这会导致我们对自己的写作进行审查，违背了写日记的初衷。

4. 尽量添加更多细节。动用你所有的感官：听见的声音、闻到的气味、食物的味道，乃至地点的氛围。

5. 记录你的情绪，同样要具体。然后，从感受出发，往前推理，直到找出该情绪的来源或诱因。

把日记放在身边，从而养成一种每天记录的习惯。你要知道，这里是一个完全安全的地方，没有人会评判你。在这里，你不必掩饰自己的感受，可以更好地理解与适应自己的情绪。

陷阱2：自我否定，认为负面情绪是"不应该的"

忽视自己的感受是一种消极的自我对话，也被称为"自我否定"。在经历某件事情时，我们可能会告诉自己，我们的情绪是没有道理的。

最常见的陷阱包括那些以"应该"和"不应该"开头的句子。例如，"我不应该感到工作压力大，因为同事的情况更糟"或"我只是遇到了困境，应该坚持下去"。

仅仅承认自己的情绪存在还不够，即便这是事实。仔细想想，你对自我情绪的否认有没有固定模式可循？例如，有没有哪些情境或哪些人会鼓励你压抑自己的感受？是什么让你产生了这种感觉？

接下来，思考一下你所使用的具体词语。我们驳斥自己的感觉，往往是为了掩盖一些更痛苦的事情。例如，如果你试图忽略压力很大的感觉，就要问问自己为什么会有压力。是不是因为要负责的事情太多了？或者是因为在工作中犯了一个错误而感到羞愧？

最后，你必须学会如何善待自己。情绪低落并不意味着你是一个坏人。虽然你心情不好，但这种感觉本身并不是件坏事，除非你对此视而不见。

> **小练习**
>
> ### 觉察导致负面情绪的具体原因
>
> 如果想要直面自己的情绪，无论是在与他人交谈的过程中，还是在日记里，你都要搞清楚自己为什么会产生这样的感受。不要说"没什么，我只是累了"之类的话，要具体一点。例如可以说："我很累，因为下周有一个重要的会议，而我又正在失眠。"

陷阱 3：被他人影响，为自己的情绪感到内疚

此处的陷阱就是社交媒体。在浏览其他人阳光积极的帖子

时，我们会为自己的消极想法感到难过；而如果我们处于一个积极的时刻，又会因为其他人的问题而感到内疚。尽管理性告诉我们，这些帖子未必都是真的，但我们依然很难避免这样的陷阱。

与社交媒体保持距离，甚至干脆戒掉，可以让你的心灵有机会从这一陷阱里逃脱出来。

小练习

"轻戒断"社交媒体

可以运用不同的方法来限制社交媒体的使用。首先，尝试关闭消息通知。这样一来，你就不会每次遇到新的信息提示都要打开页面了。早晚各留出 5 分钟的时间来查看信息。请务必严格监督自己，否则最终你会浪费更多时间。

选择你想设定多长时间不碰社交媒体，也许是一个周末或整个星期，严格遵守这一安排。如果你平时在网上相当活跃，可能需要发一个帖子，让别人知道你在进行社交媒体戒断。不要忘了计划好其他活动，以此填补你通常花在社交媒体上的时间。

你可能还需要重新戴上手表。如果你看时间的唯一途径就是手机，恐怕会禁不住诱惑，想再顺便看看网络世界里发生了什么。

社交媒体上的"赞"和"关注"会引发大脑中多巴胺的释放。多巴胺与奖励行为相关联。过度使用社交媒体会导致大脑的奖励系统释放多巴胺，而实际上你并没有做成什么值得奖励的事，这与你达到某个目标或掌握一项新技能无法同日而语。适当戒断社交媒体可以让你的大脑有机会做出调整，重置多巴胺水平。

陷阱4：缺乏同理心，不去倾听他人的难处

这完全是潜意识作祟。若非如此，你就是一个自恋狂——

当然了，我们都知道你不是，因为自恋狂可不会来读这本书，他们根本看不出来自己有问题！你并不是一个只愿给出敷衍建议的坏人。你是真的觉得别人需要听到那些话。

在你说出一句有毒的积极话语之前，问问自己，对方有没有问过你的建议或意见。如果没有，他们就只是需要你的聆听。学习如何倾听，将有助于培养共情能力。

小练习

记录和朋友的一次谈话

下次当你看到别人难过的时候，问问他们是否一切都好。然后，可以做一个测试来提升你的倾听技巧：谈话两小时后，详细写下朋友所说的三件主要的事情。学会更好地倾听，会帮助你在别人需要的时候提供有价值的建议。

陷阱5：对事情进行理性分析，忽视真实的感受

客观分析有助于我们看清实际情况，或是认识到某个事物的价值。这是件好事，因为我们通常可以由此获得更清晰的认知。比方说，如果你和兄弟姐妹发生争吵，正确分析问题能让你认识到自己说了什么。但是，理性分析事物的缺点在于，我们经常会将自己与他人的情况进行比较，而这会令情况变得更糟。

来访者简女士曾向我诉说她买房子的事。遇到的问题一个接一个：办公人员的拖延，文件资料的缺失，然后又赶上了疫情，好不容易恢复办公后，她又收到了一份惊人的税单。最终，她花了三年时间才买到房子。

她一直告诉自己和其他人，知足吧，还有情况更糟糕的人呢。理性看待她的处境，就意味着要把她所经历的事情与那些无家可归或无法负担抵押贷款的人进行比较。但这种比较并没有考虑到简为了存首付，每周要工作7天；她的伴侣在做办理工作上完全没有帮忙；而卖家也日益紧张起来。

是的，知足常乐，但是压抑和否认简的感受对她来说是不公平的。

通过客观分析来正确看待问题，可以避免让问题看上去比实际情况更严重。但我们也不应该对问题轻描淡写。不要拿自己的生活去和别人比较。

小练习

"知足"存钱罐

当你面对自己的处境，想要说"知足常乐"时，退后一步，去确认你正试图压抑的情绪。在简的案例中，她非常焦虑，因为困难看不到尽头。在这种时候，感到焦虑是人之常情。

说句"知足吧"几乎就像呼吸一样自然。因此，如果你正在寻找一种对自己更加严格但不失友善的办法，我建议你准备一个写着"知足吧"的罐子。每次你说出这句话，就往罐子里塞五块钱，并且告诉身边亲近的人也这么做。这样一来，你很快就能重新训练自己的大脑，让它不再说这句话了。

陷阱 6：无脑斥责别人的消极情绪

在上文中，我们已经简要地讨论过这个问题了。通常，我们在批评别人负面情绪的时候，往往意识不到自己的问题。也许，我们觉得人们需要一些"严厉的爱"，才能认识到生活并不是那么糟糕。

在这一点上，我觉得有必要提一下，我们偶尔会遇到那些为了消极而消极的人。他们喜欢被关注。这些"消极吸血鬼"会吸走你的能量，尤其是在你辛苦度过一天之后。

如果你生活中的某个人特别消极，那就有必要保持一些距离，直到你觉得更有信心应对他的情绪。这并不是说，你要抨击他人的负面情绪。你只是按下了暂停键。等你在两个极端之间找到了适当的平衡之后，就可以有效应对这些"消极吸血鬼"了。

与此相反，在你的生活中，也有许多人可能像你一样，经历了一段艰难的时期。和你一样，他们理应有机会表达自己的真实情感，而不必为此感到难过。

在应对他人的负面情绪时，请记住，他们可能并不是在责备你。不要对他们的问题过于上心。通过积极倾听与提出恰当的问题，你就能了解他们的情绪。如果他们征求你的意见，再根据你收集到的信息提出建议。

> 小练习

与朋友的负面情绪划清边界

在应对他人的负面情绪时，你必须明确自己的边界。边界是基于你的价值观和信仰所做的限制，但顾名思义，它们也是关于你个人的局限。

为了避免有毒的积极性,我们需要促成一种共识,即表达自己的感受是可以的。所以第一步就是允许你周围的人表达他们的感受,你只需要倾听,无须提供不必要的建议。

当周围的人负面情绪爆棚的时候,边界会有助于你和他们之间的相互理解。例如,一个朋友经常抱怨自己的伴侣。首先,你要耐心倾听。接下来,当他们问你的时候,再提供建议。最后,如果他们不接受你的建议,继续抱怨同样的问题,你需要设定一个边界来保护自己,这实质上也是在帮助他们。

想象一下类似这样的情况——你的朋友不停地抱怨自己的伴侣吸烟。你已经听进去了,他们也征求了你的意见,但还是在继续抱怨,没完没了。对于他们的问题,当然总会有更多的解决方案,但是如果你已经穷尽各种建议,就是时候设定一道边界了。

也许朋友没有接受你的建议,仍然表现得很消极。一句简单的"我爱你,但请不要再问我的意见了"就足以让他们认识到自己的行为。这就是边界。

如果他们接受了你的建议,但仍在抱怨,这种情况恐怕就需要专业人士的帮助了。同样是需要求助于专业人士,情况也可能截然相反,他们可能被困在"积极的假象"里,觉得不值得为了自己的情绪问题大动干戈。

想象一下,同告诉他们"船到桥头自然直"相比,通过心理治疗进行干预并取得成效可以带来多大的改变。你们的关系也将受益于坦诚相待。

陷阱 7:因为消极情绪而受到他人的羞辱,陷入自我怀疑

其他人因为你的消极情绪而羞辱你,会造成两个问题。首先,你会被迫深深埋藏自己的感情。其次,受到羞辱会让人觉得丢脸、震惊和愤怒。这会令你反思自己是个什么样的人。

你要明白,自己的感受是完全合理的。不要马上做出反应,

因为在那个羞愧的时刻，大脑会因为震惊而僵住，你很可能无法用最佳的思维状态来做出回应。在这个世界上，有些人羞辱我们就是想看我们的反应，另一些人则是对自己的行为毫无意识。

等你整理好了自己的思绪，并且感觉平静下来了，就可以解释自己的感受了，还是要用"我"作为主语。例如："你批评我情绪的时候，我觉得很丢脸。"请记住，即使你确实犯了个错误或者做了些愚蠢的事情，也不需要为自己的感受如此羞愧。

小练习

善用表情反应

下次有人因为你的负面情绪而羞辱你的时候，你一定要显得震惊不已，目瞪口呆。不要担心这种表现过于夸张。

看到你的表情，对方就足以知道自己越界了。不需要

> 多说什么,你的反应自然会让他们明白你对他们的行为感到不适。
>
> 这也就给了你几秒钟时间,用来决定你是要解释自己的感受,还是先脱离这种局面。如果你此刻无法控制情绪,最好让对方知道你现在不愿意跟他们说话,但随后会和他们聊聊。

陷阱 8:忽视客观问题,告诉自己"一切都会好的"

有毒的积极性是一种典型的回避技巧,很多人会在遭遇挫折的时候运用它。比如,在遭遇让生活入不敷出的个人财务危机时。

当我们掉进了"忽视问题"的陷阱时,总是告诉自己,一切都会好起来的。但事实是,如果不作干预,财务危机根本不可能好转。

你的付款将会逾期,最终支付更多的利息。你或许不必立即解决问题,但至少要制订一个计划。

> **小练习**

设立"头脑垃圾场"

是时候来一次头脑风暴了。首先,让我们梳理出一个"头脑垃圾场"。拿一张纸,写下你面临的所有问题,即使那些看似微不足道的问题也不要放过。一个成功的"垃圾场"就是要能够清除头脑中的所有问题。

接下来,将这份清单按照优先顺序进行整理,最紧急的放在第一位。你可能会发现,一些小问题将在解决了主要问题之后迎刃而解。这样一来,看到其实并没有那么多需要处理的问题,会让你有一种放松的感觉。

然后,从最紧迫的问题开始,找出几种不同的解决方法。例如,如果是财务问题,你可能需要贷款、找一份副业,或者卖二手以增加现金流。仔细研究每种方法的利弊,决定最佳选择。最后,制订一个分步骤实施的计划来解决问题。

对于清单上的其他内容,重复进行同样的操作。

陷阱 9：一遇到困难，就对自己重复积极肯定语

重复积极肯定语的习惯是长期养成的结果，想要停止这种惯性并不容易。

孩子们在屋里乱跑乱叫，小狗在追着他们，你正打算把宽面条放进烤箱，却失手摔在了地上。这时，你会不会说"不要担心，开心一点"这样的话呢？

在下文中，我们会看看如何用其他句子替代常用的"有毒的积极性"话语。你需要想出一套新的话语，取代所有你在困难时期常说的积极言语。

> **小练习**

寻找一句"无毒"的肯定语

寻找一个既不积极也不消极，但能让你会心一笑的句子。大多数情况下，这些话都出自我们最喜欢的歌词。以

下是一些例子，希望能启发你的灵感：

- 停下来，以爱的名义（停下来喘口气也不错）。
- 我愿意为爱做任何事，但我并不会那样做（我不会走极端；当我想说"不"的时候，我不会说"是"，等等）。
- 我们将震撼你（自我激励）。
- 我们将成为英雄，哪怕只有一天（不要期待奇迹）。
- 那又怎样，我就是位摇滚巨星（自我赋权）。

不要在这套新的话语中寻找隐藏的含义，只要确保它们不会用积极来代替你的压力、恐惧或悲伤就好了。

你需要花一点时间和耐心来提醒自己，你的感受是合理的，不应该压抑它们，或者用错误的积极性将其取代。不幸的是，社会上仍然充斥着推崇有毒积极性的信息。但好消息是，现在的你不会再像以前那样，落入这个陷阱了。

接纳痛苦，替换有毒的积极肯定语

比起应对内心的真正问题，始终表达积极情绪会容易得多，因此，我们往往很难想出要说什么来代替那些常见的典型积极语句。

让我们回顾第 1 章的例子。下面给你提供了一些参考，告诉你应当如何替换掉那些你可能会说的话。

如果有人习惯性地对你说出这些话，你可以向他解释为什么用替代语会更好。

- 往好的方面想→我会一直在你身边，无论你需要什么。
- 知足吧→太可怕了！我很难过你不得不经历这些。
- 万事皆有其因→有时候，生活就是令人沮丧的。我能为你做些什么吗？
- 快乐在于你的选择→选择做真实的自己，表达你所有的情感。
- 好事会降临在耐心等待的人身上→我能做些什么来帮助你实现目标呢?
- 想想开心的事情→我会在这里陪着你,无论是好是坏。
- 你会克服这个困难的→你是个坚强的人,正在经历一段艰难的时期。随着时间的推移,你会找到出路的。
- 永远不要放弃→也许你需要的不是放弃,而是重新思考策略。
- 覆水难收,后悔无用→我知道你现在很困难,我能帮上什么忙吗?
- 不要这么消极→如果你并不总是感到积极和乐观,那也没关系。
- 不要担心,开心一点→我感觉你在担心什么,想聊聊吗?
- 抬起头来→你可以跟我谈谈你的问题,我会在这里倾听。

要提醒自己和他人,痛苦是人类经历的一部分,这一点很有帮助。

人生中，没有谁可以不经历痛苦。伴随着痛苦和折磨而来的是难以应对的负面情绪。负面情绪并不会让你变得不积极。相反，它让你变得更加完整。把自己想象成两半，一半积极，一半消极。如果只按照一半的自己去生活，你将错过另一半原本可以获得的经验与成长。

当你能够全然接受这些的时候，就可以欣赏自己的情感、人际关系和各种经历，达到一个全新的高度了。

停止自我欺骗，勇敢追求目标

人类天性中还有一个部分，就是拥有目标——实现梦想、去想去的地方、买想买的东西。有些目标是微小的，有些则是宏大的，需要更多的计划。但正是这些愿景在生活中激励着我们，才从本质上增加了我们的幸福感。

想要达成目标，就需要工作、计划和努力。没有这些，它们只是愿望而已。而有毒的积极性创造的是欲望，并非目标。

艾玛从年幼记事起就想要一匹属于自己的马。然而，事业和孩子似乎是阻拦她追求梦想的充分借口。取而代之的是，她会跟自己说，要对自己所拥有的感到知足，眼下不养马也是有充分理由的。

10年来，她一直告诉自己，好事会降临在耐心等待的人身上。现在不去追求这个梦想，将来她就能得到一匹更好的马。

但是，接下来总会发生别的事情，于是她又会给自己灌输更多有毒的积极性，比如"至少我还拥有孩子"。

没错，我们不可能总是立即得到自己想要的东西。10年前，艾玛的经济状况并不是很好。但是，恰恰因为听多了有毒的自我安慰，导致她对自己的目标无所作为，缺乏动力。

好事不会降临在耐心等待的人身上，它只会眷顾那些积极为目标努力的人。只有在你辛勤浇灌的地方，青草才会更绿。

如果艾玛没有听信有毒的积极性，她应该会制订一个实际的计划来达成自己的目标，无论需要多长时间。这可能包括开设一个独立的银行账户，寻找土地和场地来饲养她的马，还要参加一些课程以便做好准备。计划中的每一步都会激励她朝着最终目标前进。

《不要担心，开心一点》是一首非常好听的歌曲。然而，这句话令我们处于否认状态，会阻止我们采取必要的行动去摆脱困境，寻找更好的出路。

拥有目标是一种独特的工具，能帮助我们形成健康的思维方式。在下一章中，我们将讨论如何以正确的方法制定目标，确保它是切实可行的。当然，不要追逐不切实际的目标，并不意味着你不该放胆去想。但在设立目标的时候，还是应当瞄准一个可以达成的目标。

营造充满同情和共情的工作氛围

你是否去过这样一间办公室,里面贴满了有毒的积极标语?如果你就是老板,可能会说:"噢,是我贴的。"你也不必太过自责,都是流行惹的祸。

我们会在工作场所度过大量时间,在那里,公司文化包含了晨会、击掌和"只管放手去做"的态度。相反,表达自己的真情实感则是一种软弱的表现,拒绝额外的工作或加班也不会有什么好结果。我们忽略了自己的情绪和压力,以便塑造办公室的积极氛围。

工作场所的压力和负面情绪会影响到工作环境、企业文化、员工离职率以及工作效率。同时,有很多研究强调了同情和共情带来的好处:

- 一项涉及1137名不同岗位全职员工的调查显示,工作场所中的压力和社会贡献感之间存在联系。那些在工作中更具有亲和力的人会认为自己的贡献更大。
- 如果同事们富有同情心，员工将能更好地应对工作场所的压力和倦怠。
- 与同事之间几分钟的互动就能稳定血压和心率。
- 同情心能使员工感受到更多的重视和关心，这会鼓励他们对自己的任务抱有更积极的态度，并自愿支持其他人。

令人惊讶的是，首先将同情和共情引入工作场所的是弗洛伦斯·南丁格尔（Florence Nightingale）。那已经是发生在 19 世纪 60 年代的事了，然而直到今天，各大公司才开始在工作环境中采取同样的价值观。

脸书使用了弹性工作制，允许员工自由选择上下班时间，在工作之余兼顾其他事务。"微软车库"（Microsoft Garage）这个项目可以让来自任何部门的员工都聚在一起集思广益，甚至将这些想法变为现实。保诚金融公司（Prudential Financial）则对需要在家中照顾亲人的员工提供了日间护理服务。

这些大公司可能比一般的公司拥有更多的资源来提升员工的同情心和共情能力。然而，不论作为员工还是老板，你都可以采取一些行动。

作为员工，你可以：

- 表现出更多自我关怀，因为这将鼓励其他人效仿你。不要因为你没做到或者做得不够好的事情而自责。相反，要为下一次汲取经验。
- 提高沟通技巧。除了冷静而清晰地表达自己之外，还要善于倾听，不要打断别人或妄加评判。
- 同情和善良不仅需要言语表达，也需要肢体语言。在适当的时候，一只放在某人肩膀上的手或一个拥抱就可以提供急需的支持。
- 在同事需要的时候为他们加油鼓劲。例如，如果有人要发表一个重要的演讲，你可以主动当听众，给对方练习的机会。
- 充分利用休息时间和茶水间，更好地了解别人。要对他们的生活表现出兴趣，而不是用问题轰炸他们，给人一种爱管闲事的感觉。

作为领导，你能做得更多，让我们更详细地讲一讲。

关心员工，从小处做起

营造一个关心员工福祉的环境。提供免费的饮料和水果，尽可能灵活安排工作时间，并提供远程工作的选择。在 2021 年的一份全球报告中，65% 的美国员工认为办公灵活性比薪酬更为重要。

打造充满自由气息的办公环境

传统的办公桌和隔间设置并不鼓励员工之间的交流，还可能令员工形成久坐的工作方式。

当一组电话呼叫中心的员工有机会使用站立式办公桌来工作时，生产力提高了 45%。同时，员工的背部疼痛也得以缓解，还能燃烧更多的卡路里。

尽量利用办公室里的一些区域，让员工可以走动或站立，而不是一直坐在办公桌前。

为员工留出表达自己感受的时间

在公司里,通常每周都会召开各种会议,但这些会议都是严格遵循时间表的。应当尝试组织一些活动、午餐或每周一次的聚会,让员工有时间谈及自己的感受。

在这些聚会上,别再问项目进展如何,而是问他们对项目的感受。要确保他们明白,这是专门用来交流情感的时间,而不是用来聊客户和项目时间节点的。

例如,如果一位员工说对某个截止期限感到焦虑,这时要做的并不是改变这个期限。相反,应当了解焦虑对员工的影响,并寻找缓解员工压力的方式。

鼓励员工表露丧亲之痛

我们确实没有义务向领导告知亲人的死讯。然而有些领导,如思科(Cisco)的首席执行官约翰·钱伯斯(John Chambers),会鼓励员工把亲人离世的消息告知公司,让领导和其他同事能够表达同情,员工也能够获得丧假。

尊重所有员工的想法

很多员工都有着绝妙的想法，但他们可能缺乏信心，不敢把它们说出来，担心自己会遭到嘲笑。即使这些意见中很多都行不通，也要尽力塑造一个积极、尊重与合作的工作环境。作为领导，你也可以借机吸收不同的观点，提高自己解决问题的能力。

创建内部论坛，让每个人都能畅所欲言

人们很难完全放开自己的情绪，尤其是在工作场所。可以创建一个论坛，制定严格的规则，禁止随意评判他人，以此给那些还没准备好面谈的员工一个表达感受的地方。当然，你可能需要鼓励领导先上论坛交流。

请记住，无论你在公司扮演着什么角色，最重要的是在工作场所认可大家的情绪。这样带来的结果就是，在办公室里，人人都可以放心做自己——恰如你所愿。

别把有毒的积极性传给下一代

有毒的积极性不仅对成年人有影响，对孩子的影响则更加深远——成年人压抑自己的感受，会为孩子树立起一个"坏"榜样。

如果父母盲目乐观，可能会赞扬孩子所做的一切。然而，忽视消极的一面，只过分强调积极的一面，就相当于告诉孩子，焦虑是不正常的。这样一来，消极的情绪只会与失败联系在一起。

为人父母，自然希望保护孩子免受坏事的伤害。所以，如果这一天过得不顺心，父母回家之后并不会告诉孩子。相反，他们会装出开心的笑容，说一切都很好。

虽然年龄段不同，沟通方式也要随之调整，但父母应当保持诚实。例如你可以说："我有点生气，因为我的轮胎漏气了，害得我回家晚了。"这样一来,孩子下次生气的时候,就会更倾向于和你谈论他们遇到的问题,你们可以一起想出解决办法。

另外需要注意的是,有毒的积极性早已渗透在人们对孩子的日常教育中,所以我们很可能对其视而不见。我们的父母就是这样教育我们的,然后我们又把这样的教育方式传递给孩子。想想下面这些场景吧:

- 你的孩子怕黑。于是你把床底下、衣柜里等地方统统检查了一遍。一切都安好,但孩子仍然害怕得不敢睡觉。你说:"没什么好怕的。想点开心的事,你就能睡着了。"
- 你的孩子摔了一跤,膝盖流血了,忍不住大哭起来。你说:"只是一点擦伤而已,不要再哭了。"

孩子虽小,但他们的任何情绪都是有意义的。如果你希望自己的孩子成长为心理健全的人,就不应该让他们在人生的初始阶段就压抑自己的感情。

强行乐观不是真正的乐观

强行乐观等同于有毒的积极性，是在拒绝感受消极的情绪。真正的乐观则是展望未来，期待最好的结果，这种抱有希望的感觉可以帮助我们克服困难。

真正的乐观主义者在充满希望的同时，也会为真实的情绪留出空间，而不是忽视自己经历的艰辛。例如，你知道今天会很漫长，待办事项堆积如山，但你已经安排好了优先顺序，而且抱着希望，这将是卓有成效的一天——今天会很辛苦，但你满怀希望，保持乐观。

面对同样的一天，强迫性的乐观主义者则只会说："顺其自然好了。""乐观态度会帮助我渡过难关的。"

要想学会以乐观的心态面对生活中的挑战，我们需要先掌握健康的思维方式。这意味着克服消极的思维模式，同时也要接纳可能产生的任何负面情绪。这听起来很矛盾，似乎难以置信，我们将在下一章讲到。

第 4 章

培养健康思维，
平衡积极与消极

值得强调的是，本章的标题并不是说你必须做一个积极的思考者。当然，你会开始以更加积极的方式思考，但如果过于关注积极思维，我们可能会忽视健康思维的重要性。

说到健康的思维，我们需要接受一个事实：看待问题的角度不同，得到的结果也会不同。因此，面对一个情境时，我们必须同时看到其中的积极因素和消极因素。与其被潜在的消极情绪和负面结果压垮，不如集中精力，专注于采取必要的行动来改善局面。

每个人的情绪和心理中都包含着一股力量。当这股力量被消极情绪支配时，我们就会呆若木鸡、惊慌失措，或是焦虑担忧，变得无法前进。

与此相反，当以健康的方式运用自己的情绪力量和心理力量时，我们会分析局面，有效地做出计划，然后选择一种乐观的立场。健康思维并不意味着忽视问题和危险，而是要充分认识到这些因素，然后主动做出选择，不让它们控制我们的决策。

积极和消极可以同时存在吗?

如今,一提到混合情绪,往往暗示着负面的含义。如果你对某件事情抱有复杂的感觉,那可能意味着你仍在纠结,无法确定自己对某件事情感到积极还是消极。

这导致许多科学家和心理学家提出了疑问,想知道幸福与悲伤的情绪是否会相互排斥。我们倾向于把这些情绪看成是热冷两极:你可以感受到其中之一,但不可能二者兼具。

然而事实上,如果你经历了积极和消极混合的情绪,这只是意味着你无法决定自己的感受。这个问题早在几十年前就已提出,不过最近有研究表明,混合情绪并不是一件坏事。实际上,它们还可以给你带来好处。

社会心理学家杰夫·拉尔森(Jeff Larsen)主持了这一挑战性课题的研究。他的理论是,不应当用非黑即白、不是消极就是积极的二分法看待事物，第三种选择也是存在的，即两者的混合。

这并不是要我们改变对自己情绪的看法。研究只是指出，一些特定的情况会让人产生混合的情绪。拉尔森及其同事收集了大量实验证据，以揭示混合情绪的普遍性。

其中一个例子是让一群人观看电影《美丽人生》（*Life Is Beautiful*）。这部喜剧故事片讲述了在纳粹时期，一个生活在意大利北部的犹太家庭的故事。电影中展示了犹太人曾经经历的一些恐怖折磨，但一个小男孩的父亲用幽默感保护了自己的孩子。

在观看这部电影之前，只有 10% 的人表示自己体验过混合的情绪。看完之后，这一数字涨到了 44%。如果你曾经看过这部电影，就会明白，对于一些事情，人们是有可能产生不止一种情绪的。

另一项研究调查了 17 名正在接受心理治疗的成年人。他们填写了测量心理幸福感的量表，并写下自己的想法和经历。专业的评估员对他们所写的情绪内容进行了分析，结果显示，同时体验快乐和悲伤的感觉会提升心理幸福感。

令人惊讶的是，文化对于体验混合情绪的能力起着重要作用。发表在《人格与社会心理学杂志》(*Journal of Personality and Social Psychology*) 上的一篇文章探讨了安大略省滑铁卢大学心理学系的伊戈尔·格罗斯曼（Igor Grossmann）教授所进行的研究。

在西方文化中，尤其是在英国、美国和加拿大等国，人们以自我为导向，倾向于把混合的情绪看成是不可取的。但如果生活在以他人为导向的文化中，如在亚洲，人们则能够体会到更复杂的情绪。他们可以更好地区分自己的情绪，寻求平衡，享受丰富的情感体验。

这项研究范围广泛，考察了130万个网页和博客上出现混合情绪表达的频率，并综合了其他两项涉及日常活动中混合情绪的研究。所有三项研究的结果均显示，那些处于他人导向文化中的人表现出了更高的情绪复杂性。

根据格罗斯曼等专家的观点，如果你觉得在西方文化中，心理健康问题出现的频率往往高于东亚文化，这是因为混合情绪体验和心理健康之间存在密切的关联。

拉尔森认为，当我们经历了通常被认为是两极对立的两种情绪时，积极情绪会成为消极情绪的一剂解药。因此，如果负面情绪没有受到抑制，人们可能会拥有更好的情绪体验。正如我们所看到的，阻挡、压抑和忽视负面情绪只会促使它们变得更加强烈。

培养健康思维的 9 种有效方法

下面让我们看看 9 种有效的方法，它们将帮你在积极和消极情绪之间建立适当的平衡，让你的生活从混合情绪中获益。

1. 站在别人的立场看问题

研究表明，当我们开始把注意力转向周围的其他人时，情绪会变得更加敏感，能够同时接受好事与坏事，心理健康也可能得到改善。

这并不是说我们在情绪上是自私自利的，只考虑自己。不过，之所以很多时候我们会看着其他人，希望自己的生活能像他们一样，是因为我们只看到了别人表现出来的积极的一面。

如果希望建立一种愿意接纳不完美生活的社会氛围，那么有一点非常重要：站在别人的立场看问题，与他们感同身受。

当人们经历困难的时候，请记住我们之前提到的那些用来替代有毒积极性的词句。不要只是告诉别人，一切都会好起来的。相反，要让他们知道，你不会对他们随便评判、指手画脚，只会竖起耳朵来积极倾听。

想要变得更加善解人意和富有同情心，一个很好的方法就是保持善良。但善良也是有前提的。我们可能会落入取悦他人的善良陷阱，在那种情况下，我们对别人好，只是因为想寻求认同或害怕说"不"。善良不应该以牺牲自己的价值观为代价。产生真正的同情心时，不应该是别有用心的。

小练习

来一次无条件的付出

今天就去做一件能让别人开心的事，不要把它当成一种负担，也不要期望得到什么回报。夸奖一位陌生人，提醒所爱的人他们为什么很出色，在外出时顺便问问邻居家

> 的老人是不是需要些什么。你可以做一件稀松平常的小事，不过一定要是无条件的善举。

2. 创造一种积极的心态

比起积极思维，我一直更喜欢使用积极心态这个词。它们在本质上是一样的。但人们在谈论积极思维时，往往类似于有毒的积极性，就好比有个人即使正在满是鲨鱼的池子里游泳，也会说出"想一想积极的念头"，而我们跟他的差距只有一步之遥。

积极心态是一种情感态度，以乐观的态度对待遇到的困境和问题，期望得到一个积极的结果。当然，积极思维也是这种心态中的一部分，但它还包含了很多其他因素。

- 接受——知道即使事情的结果不尽人意也没有关系，懂得从经验中学习。
- 坚强——当事情没有按计划进行时，能够克服自己的失望，然后继续努力。
- 感恩——寻找生活中的积极因素，对其心存感激（但不要对自己说知足常乐）。
- 意识——有意识地保持关注，并能主动提高专注程度。
- 正直——做正确的事情，保持诚实，坚守道德、原则和价值观。

拥有积极的心态，当然包括要为自己的成就感到高兴和自豪。同时，我们也必须接受自己必然会遇到的各种障碍和挑战。但是，这些困难并不完全是坏事，也不是决定未来的路标。

对许多人来说，想要形成一种积极的心态，只需要放慢脚步，闻一闻玫瑰的芬芳。如果我们一直保持紧绷的状态，不仅会消耗精力，还会在面临糟糕的情况时，无法找出隐藏其中的机遇。

例如，人们快到退休年龄的时候，应该会感到喜忧参半。一方面，你可能会担心自己老了，与社会工作脱节了；另一方面，你将拥有更多自由时间，去做之前没有时间完成的事情。在这种时候，以及许多类似的情况下，如果我们放慢脚步，就会发现,即使在最艰难的境况中也暗藏着一线希望,不过这需要我们去努力寻找。

没有什么事物是纯粹好的或全然坏的。如果你抱有"非黑即白"的心态,其实是一种认知扭曲,是受到消极偏见或是有毒的积极性干扰的结果。你必须记住这一点,因为这样一来,在面临困境时,你便可以接受其消极面的存在,同时敦促自己努力争取一个乐观的结果。

小练习

记录每周追踪表

做一个每周追踪表。在第一栏中,选择以下积极心态下的行为中的 5 种。记录你一周的行为,看看每天能做到其中的几种。下一周重复进行,可以改变一到两种行为,也可以全部更换。

- 遇到糟心事,依然保持幽默感。

- 感恩自己所拥有的一切。
- 憧憬一个积极的未来。
- 付出比得到的更多。
- 玩得开心，笑得开心。
- 让别人开怀大笑。
- 为别人的成就感到高兴。
- 重视人际关系胜过物质财富。
- 允许别人汲取自己的能量。
- 为自己不受别人负面情绪的影响而自豪。
- 捍卫自己的信仰。
- 捍卫别人的信仰。
- 将消极自我对话转变为积极自我对话。

3. 善用批判性思维，做出最佳决策

你曾有多少次因为无法决断而批评自己呢？经过反复斟酌，你终于选择了一个方案；然而 10 分钟之后，你的脑子里又冒出了另一个强烈的想法。你开始担心：万一仓促行动把事情搞砸了怎么办？其实，也有可能一切都很顺利，你只需要坐下来享

受这段旅程！

有人估算，成年人每天要做出上万个决定。幸运的是，其中的大多数都比较简单，比如穿什么或者吃什么。即便如此，我们中的许多人还是会仔细斟酌这些决定。健康思维也包括知道如何做出最佳决策，因为这可以帮助我们消除计划中可能存在的缺陷。

若想提高自身的批判性思维能力，首先需要准确地决定自己到底想要什么。例如，"我想选择一套好看的衣服"就有点含糊。应该更具体地说，你想要一套让自己看起来漂亮、感到自信但同时又觉得舒适的衣服。

这点同样适用于选择食物。"我要吃晚餐。"好吧，这是当然的，人人都要吃饭嘛。但根据你的心情来看，你可能想要一顿健康、管饱、做起来又容易的晚餐。这就是对期望的结果做出确切表述。

我们都怀有偏见，这些态度来源于经历和文化。但想要利用批判性思维做出正确决定，就必须消除偏见，不能因为你的伴侣说墨西哥菜都很辣，你就永远都不打算尝试墨西哥菜了。

可以从你身边不同人的角度来考虑每一个决定。想一想：父母会对你说什么？老板会给你提什么建议？朋友又会给你什么至理名言？

其他人不会带有与你相同的偏见。即使是在同一个屋檐下长大的兄弟姐妹，经历也各有不同，所以在看待问题时，他们会有不同的视角。

在考虑其他人建议的同时，自己也需要做做研究。例如，了解了即将出席会议的人员类型后，你就可以更轻松地选择参加重要会议的着装了。与会者年龄偏大、比较保守吗？如果是这种情况，穿西装可能比较合适。

学习也是一种特别的工具，有助于增强你对自己决策的信心。很多时候，我们会掉进一个陷阱，即把自己的决策变得过于复杂。而奥卡姆剃刀定律[①]作为一种心智模型，提醒我们最简

[①] 奥卡姆剃刀定律（Occam's Razor）由14世纪英国逻辑学家、圣方济各会修士奥卡姆的威廉（William of Occam，约1285—1349年）提出。这个原理的内容是"如无必要，勿增实体"，即"简单有效原理"。——译注

单的选择通常就是最优的。

当我们在决策时加上了诸如"但是,如果……"之类的词语时,就会把事情复杂化。

打个比方,你遇到一个问题,然后针对每种解决方案都提出了"如果……该怎么办"的假设。于是在不知不觉中,你又创造了10个问题,却已经把最初的那个问题忘记了。

小练习

画一张树形思维导图

画一棵树,树干上方长出三条树枝,每条树枝的顶端又分为两杈。把你的问题写在树干上,把你想要的结果写在树顶上方。

在第一条树枝上,写出一个根据直觉得出的解决方案。在第二条树枝上,写出一个你爱的人会给你的答案。

在第三条树枝上，写出一个专业人士会给你的方案。然后在顶部树杈上，分别写下每种解决方案的优点和缺点。

这个视觉思维导图将帮助你构建自己的想法，而不需要添加过多的观点和解决方案，也不会使过程变得过于复杂。

4. 从解决方案出发进行思考

在招聘时，多达 77.3% 的雇主都看中应聘者解决问题的能力，这表明问题解决能力是工作场合必备的技能之一。而在现实生活中，更是总会有各种问题出现，我们必须接受事实，也要努力防患于未然。

为什么基于解决方案的思维模式有助于我们养成健康的思维呢？在困难出现之前就考虑到解决方案的人，能够更好地应对各类问题。他们可以跳出既定的框架，为自己和他人开拓思路。

基于解决方案的思维将批判性思维提升到了一个新的水平。

因为这种思维让人们清楚什么时候需要简单的解决方案，遇到什么样的难题时则需要更复杂的答案。

如果一个人从解决方案出发，就不会为了解决自己的问题而给别人制造更多麻烦。此外，这种人总会寻找一种途径，在必要时做出干预，以防危机的发生。

想要提高这种基于解决方案的思维能力，请回到新手的思维模式。经验能教会我们很多，但也会关上一些门。例如，在工作的头几个星期，你在解决问题时会经历成功和挫败。正因如此，你会去考虑更多备选方案。而在一份工作干了10年后，你可能还会遇到类似的问题，然而根据过去的经验，你已经很清楚可以应用哪些具体的解决办法了。

与批判性思维相比，基于解决方案的思考者的另一个进步之处在于，他们会致力于找到问题产生的原因，而不是侧重于问题的解决方案。发现问题的根源，不仅有助于形成最有效的解决方案，也有助于防止问题在未来再次发生。

这让我们回想起了那句智慧箴言："如果东西没坏，就别多此一举去修它。"每一天，我们都面临着各种各样的选择、问题，以及五花八门的挑战。如果这还嫌不够，我们又会试图对一些事情进行改进。这并没有错。但有些时候，我们本来打算改善状况，却弄巧成拙，反而让事情变得更糟。

换个角度来看，如果我们只专注于需要解决的问题，就可以对其进行改善，生活中许多别的事情也会自然而然地随之好转。一旦找到对自己有用的方法，便将其推行下去，同时继续修改那些不起作用的方案。

> 小练习

改变你能够改变的

要弄清楚哪些事情是你无力改变的，哪些是可以改变的。与其关注为什么这些事情无法改变，再去想一些费时费力的方法来改变它们，倒不如问问自己应该怎么做。

你目前正在与一位多管闲事、不顾他人感受的同事共事。消极的思维模式只会让你纠结于这个同事,害怕去上班。如果忽视这个问题,只看到好的一面,则属于给自己灌输有毒的积极性。浪费时间幻想换个工作更是不切实际。那么,问问自己:

- 你怎样才能在工作日过得更加愉快?
- 你应当怎样与同事交谈,让他明白他影响到了你?
- 你准备怎样迎接工作日的到来?

你可以按照以下步骤实践,以此做出必要的改变。

1. 戴上耳机,这样你就可以只听到音乐了。
2. 使用以"我"为主语的句子,向同事解释你的感受。
3. 用5分钟的冥想开始新的一天,让自己更加集中注意力。

5. 练习正念

很久以前,我对正念是持怀疑态度的,觉得像冥想和瑜伽这样的东西只不过是古老的佛教传统,用于丰富一些人的精神生活。然后，我经历了那段最黑暗的时期，当时一位心理治疗师建议我去上一堂正念课试试看。于是我找到了一位有资质、有经验的导师，跟随他学习正念，他从不吹嘘有毒的积极性。

虽然受到了女朋友的嘲笑（这是更加有毒的行为），但我发现正念是一个强大的工具，有助于改变我的心态。

现在，我们已经不难理解，为什么越来越多的《财富》500强企业，诸如通用磨坊食品（General Mill）、谷歌、苹果等，都将正念冥想作为员工发展培训的一部分了。

科学和经验都已经证明了正念与冥想的好处。例如，某个软件和信息技术公司要求员工连续参加7次每周一小时的爱心冥想小组课程。员工还被要求每周冥想5次，每次15～20分钟。

由此，员工们可以体会到更多积极情绪，找到更明确的生活目标感，减轻疾病症状，抑郁症状也有所缓解。

在一项研究中，有 53 名参与者每天进行 20 分钟的身体扫描冥想①，以达到忘我的精神状态。与仅仅休息了 20 分钟的参与者相比，身体扫描冥想降低了焦虑程度，提高了幸福水平。

尽管正念冥想很有益处，但"过犹不及"也是个问题。大多数专家认为，20 分钟的正念练习就足以让人享受其好处了。更重要的是，过度的冥想会造成不良影响，如睡眠质量下降、苦恼忧虑、内心扭曲，甚至恐慌发作。

适量的正念练习可以帮助我们调整情绪。但如果把训练做得太过火了，就像把低音音箱的音量调到最大，会令你的情绪变得异常激烈，情绪上任何一点微小的变化都可能会比平时更加难以承受。

而长时间的强烈情绪会导致麻木。要是发生了这种情

---

① 身体扫描冥想被认为是一种有效的冥想方式，是指用意识系统地扫描全身，从脚到头，将注意力依次集中到身体的各个部位，是正念减压训练中躺卧练习的核心。——译注

况，我们便无法正常体验情感了，这会妨碍我们过上满意的生活。

正念是一个简单的概念，但实践起来并不容易。它是一种全身心在场、能够充分觉察当下所做的一切的状态。例如，在陪伴孩子的时候，我们唯一关心的就是享受与他们共度的时光；在运动时，我们就将注意力集中于各种感官；在休息时——那我们就好好休息吧！

然而，通常发生的情况是，当我们做一件事的时候，往往又在想着有些事没做成、还有其他什么事需要做。对过去和将来的思虑占据了当下的时刻。

我们不能让当下溜走，错失享受这些美妙时刻的机会。但大脑的忙碌运转让我们很难完全投入此地与此刻，这时，就需要正念来发挥作用了。

正念练习包含三种主要类型：首先是冥想，你可以在坐着、站着或行走的时候练习；其次是冥想与其他活动相结合，最常见的是瑜伽；最后，我们还可以设置短暂的正念时刻，将其添加到自己的日常计划中，成为生活的一部分。

想要成功地将正念纳入你的一天之中，至关重要的一点是从短时间训练开始。大脑很容易走神，你可不希望因此受挫。你也可以在开始时总是采用相同的身体姿势，以提醒大脑是时候专注起来了。在你能够专注于当下之后，再试着做一些像行走冥想这样的练习。

小练习

冥想练习

找一个舒适、安静、不受干扰的地方。只要你觉得舒服，坐着、站着或者躺下都可以。把手放在膝盖上，也可以微收下巴，闭上眼睛。

慢慢深呼吸。想象这口气充满了你的肺部和腹部，沿着胳膊和双腿传递到指尖和脚趾。呼气的时候，想象气息通过手脚传递回来，穿过肺，从你的身体里呼出来。

> 继续注意呼吸。如果你的脑海里出现了一个念头,不要忽视它或者把它推到一边。留意并接受它,想象它从你身旁经过,就好像一朵云飘过。将注意力重新集中到呼吸上。请记住,刚开始只要做几分钟就好。你也可以每天练习两到三次,但是千万不要强迫自己。如果你分心了,就先停下来,过一会儿再试试。

6. 学会自我关怀

谈到自我关怀,往往存在一些误解。有些人觉得这是个嬉皮士的概念,另一些人则认为这只是自我放纵或自私自利换了一个名称而已。这些观点都与事实相去甚远。

自我关怀是指"个人、家庭和社区促进健康、预防疾病、保持健康,以及在有或没有医疗服务人员的支持下应对疾病和残疾的能力"。

根据这一定义,从预防疾病的良好卫生习惯到健康饮食和压力管理，都被包含在自我关怀之中了。因此，如果从这个角度来看，自我关怀在当今比以往任何时候都更加重要。

美国康涅狄格州费尔菲尔德大学心理和教育咨询系主任、副教授保拉·吉尔·洛佩兹（Paula Gill Lopez）博士说："焦虑和抑郁已经成了流行病。"如果你不照顾好自己，就无法想象健康的思维方式。

此外，如果你自己的身心状态不佳，就更不可能知道该如何照顾好他人了。

《BMC 医学教育》（*BMC Medical Education*）上发表的一项研究表明，自我关怀可以减少出现高压力水平的风险。871 名医学生按照要求填写了在线问卷，以确定自我关怀如何调节生活质量与压力之间的相关性。对那些实行自我关怀的学生来说，生活质量同生理性焦虑和心理压力的关联都更弱。

自我关怀包含 5 个核心领域。在下文中，我们将逐一解释。此外我还提供了一些建议，可以帮你更好地关怀自己。

情绪自我关怀——不要对情绪作好坏之分，接纳它们原本的状态，然后选择以正面还是负面的方式做出反应。与此同时，接受负面情绪。

- 以正确的方式表达情绪。
- 不要任由别人告诉自己应该作何感受。
- 公开谈论自己的感受。
- 在需要的时候哭泣和大笑，不必为此感到内疚。

社交自我关怀——加强与他人之间的关系。无论你性格内向还是外向，都需要某种形式的社会互动。

- 与那些很久未见的人叙旧。
- 与住在远方的朋友保持联系。
- 培养新的兴趣爱好，以此结识新朋友。
- 结束那些有毒的关系。

感官自我关怀——找到各种方法让心灵平静下来，放下对过去和未来的忧虑，体会当下。

- 专注于自己的呼吸和闻到的气味。

- 感受淋浴时的水流，还可以在海中或河里感受水流。
- 细细品尝吃下的每一口食物的味道。
- 抚摸宠物。
- 享受阳光的温暖或雨滴落在脸上的清新感觉。

身体自我关怀——在健康的生活习惯、健身和饮食方面照顾好你的身体。

- 饮食均衡，摄入大量维生素和营养物质。
- 进行不同类型的适量运动。
- 保证足够的睡眠。
- 了解自己的极限，知道应在何时休息。

心灵自我关怀——心灵上的自我关怀并不意味着宗教信仰。即使你不相信更高层次的力量存在，仍然会有需要关注的价值观和信仰。

- 练习正念。
- 了解各种宗教和文化，从中汲取灵感。
- 心存感激。
- 使用肯定句。

> **小练习**

回答 4 个关键问题

一种良好习惯的建立需要 6 周的时间，之后它才能成为你日常生活的一部分。你肯定不希望因为一次性做出了太多改变而导致无法坚持下去，从而无法体会到长期习惯的益处。所以，要先问自己 4 个关键问题。

1. 在人生的这个阶段，我处于什么位置？
2. 我是谁？
3. 我的价值观、原则、道德观分别是什么？
4. 我想把自己的人生带向何方？

找到这些问题的答案，你就能够厘清自我关怀需求的优先次序了。可以由此循序渐进，每次引入一到两个新的练习方法。

7. 进行斯多葛练习，找出真正有价值的东西

斯多葛主义是一种哲学流派，可以追溯至古希腊和古罗马时期。西提姆的芝诺（Zeno）在雅典附近遭遇了海难，但他并没有怨天尤人，而是通过学习这一地区的主流哲学，将灾祸变成了一种积极的东西，从而把自己的负面遭遇转变成了正面的结果。

今天，斯多葛主义被视为一种尽力生活的方式——它提醒着我们什么才是对自己真正有价值的事。这是沃伦·巴菲特（Warren Buffet）和比尔·盖茨（Bill Gates）等人普遍采用的一种做法，目的是寻求平静，塑造更坚毅的性格。

斯多葛学派的历史丰富悠久，包含许多不同的践行方式。这是一种值得研究的哲学，特别是如果你对认知行为疗法感兴趣的话，因为该哲学已经被这一现代疗法所采纳。在此，我们将重温一些鼓励健康思维的练习活动。

> **小练习**

3种斯多葛式练习方法

1. 采取从上空俯瞰的视角

有引导的冥想可以对此有所帮助。选择一个遥远的地方，可以是从另一个星球或某颗星星上，也可以只是从云端之上，俯视世界，接受你所看到的一切。不要去评判，只要观察就好。

这种做法有助于你看到生命中更大的图景，以及与这幅宏大图景相比，生活中的那些琐事是多么微不足道。

2. 守护自己的时间

如果你丢了100美元，可以再找回来。如果你告别了一段有害的关系，就为更健康的新关系腾出了空间。但你永远也寻不回的，是时间。如何利用这种宝贵的资源会对你的幸福产生重大影响。

在社交媒体上花费30分钟，你能得到什么呢？在你浪费光阴极力拖延的时候，能有何表现？如果你把自己的时间留给了那些不懂得珍惜的人，那么就是拱手交出了一项本可以获取更大利益的资产。

3. 不要屈服于选择的悖论

随着科技繁荣，我们面临着越来越多的选择。选择太多时，我们常常会被各种选项弄得手足无措。拥有多种选择固然不错，但如果它们阻碍了你做出决定，便适得其反了。

例如，直至公元 180 年之前，斯多葛派哲学家共有 19 位，每个人都有自己的实践方法。如果我把所有这些方法都列出来，你就会被繁多的选项淹没，必须花费更多的时间来考虑哪些才是最优的选择。鉴于这个原因，我只给你列出了 3 条！

8. 设定可行的目标

我们经常依据成绩、证书甚至银行存款多少来衡量智力，但这些方法都是不正确的。智力会基于一个人的行动体现出来。即使是那些高智商的人也可能完全缺乏常识或情商，也会做错事。但如果你真的很聪明，就一定会采取明智的行动。

想要采取明智的行动，一个最有效的方法就是制定目标，然后展开行动来实现这些目标。

你可能早已熟知设定"SMART 目标"的方法了。SMART 目标法是由乔治·多兰（George Doran）、阿瑟·米勒（Arthur Miller）和詹姆斯·卡宁汉姆（James Cunningham）在 1981 年创建的。从那时起，设定目标不再被视为企业的专利，而是人人都可以用来采取明智行动的工具。

目标应该是具体的（Specific），这意味着你需要尽可能详细地给出你想要达到的目标。它们必须是可测量的（Measurable），所以要通过添加数字来补充细节。如果你具备了足够的资源，它们就是可以实现的（Attainable）；如果尚未具备，你要考虑自己需要什么资源。目标还必须是现实的（Realistic），设定不切实际的目标意味着自取灭亡。最后，它们必须是及时的

（Timely），所以需要设置一个截止期限。

在涉及有毒的积极性时，我们经常会在目标和梦想之间产生混淆。我们会梦想得到某件特定的物品或达成某个目标，这会导致大脑的奖励系统激活并释放多巴胺。这是一个自我感觉良好的快乐时刻，但我们必须采取后续行动才能实现这一目标。

当然，在设定目标时，我们应该想得远大一些。目标必须有些挑战性。但是，如果这个目标是不切实际的，就有可能造成更多伤害。你会把自己带上一条漫长的失败之路。

让我们回顾一下艾玛的例子。她推迟了养马的计划，并不是因为这个计划不切实际。她只是因为缺乏"健康的梦想"，所以计划无法到位。

她喜欢马，想要拥有一匹小马。如果她能从小事做起，比如上骑术课，大脑就会释放出多巴胺作为奖励，让她走上正轨，制订更大的计划，顺利通往下一步。

如果你确立了自己的 SMART 目标，那么是时候制订一个逐步实现它们的计划了。这通常意味着要将大目标分解为各个具体的小步骤。

每一步都应该能够获得一个奖励，这将激励你专注于长期目标。你最好把这些目标、步骤和奖励都写下来，如果能与他人分享则更好。这样一来，你会对自己的目标更负有责任感。

我们最近经常看到，有时候，会发生一些阻碍目标实现的事情。因此，目标不能是一成不变的，以免到时候无法调整。

想象一下，在你的待办事项清单上有 10 件切实的事情要做，但这时学校打来电话，说你的孩子生病了；又或者，你的工作目标能否达成，取决于同事能否完成他那部分的任务。

你需要有能力重新调整目标。因此，要不断地回顾自己的长期和短期目标，确保它们是切实可行的，也是能够达成的。

> **小练习**

SMART 目标法

下面的例子是一个欠佳的目标和一个可行的 SMART 目标。

欠佳的目标——我想要减肥。

SMART 目标——我想在 10 周内减掉 5 公斤。为了做到这一点,首先,我要戒掉甜食、巧克力和快餐,每周锻炼 3 次、每次 30 分钟。两周后,我会把锻炼增加到每周 5 次、每次 40 分钟。我的奖励是每减掉 2 公斤就可以吃一个巧克力甜甜圈,减掉 5 公斤后,给自己买两条新裤子。我要把这个目标发布到网上,这样就能坚持下去了。

9. 每天做出一点改变

对于接受别人的建议,我已经变得越发谨慎了。但是,当有人跟我说起 MAD（缩写构成的单词意为"疯狂"）时，我还是非常好奇，难道这个世界上疯狂的事情还不够多吗？

MAD 其实很简单。它的全称意为"做出改变"（Make A Difference）。如果你决心每天都做出改变，不仅会开始以一种健康的方式思考，而且会知道自己正在朝着更好的生活不断努力。

小练习

为自己和他人做出改变

你有很多方法可以做出改变。试着在改变他人和改变自己的生活之间寻找一个平衡点。以下是一些可供参考的建议：

- 尊重他人。
- 守时。
- 捐助一个贫困的孩子。
- 将爱心传递出去。

- 清理橱柜或衣柜。
- 清理电脑文件。
- 与需要帮助的人分享经验。
- 与他人目光交流,致以微笑。
- 献血——1 品脱(约 568 毫升)的血液可以拯救三个人的生命。
- 在必要时,发自内心地道歉。
- 帮助单亲家庭看护孩子。
- 多做一些食物,冷冻起来,这样你就能有一个晚上好好休息,不用做饭了。
- 停止将自己与他人做比较。
- 进行一次春季大扫除。
- 理个头发。
- 关掉手机 30 分钟。
- 盛点水给流浪的动物。

积极思维是一件好事,但前提是我们要现实一点。改变思维模式不可能一蹴而就,而且从消极到积极,两种极端之间存在巨大差别,转变不易。

本章涵盖了实现健康思维的 9 种方法，从改变心态到创造目标，不仅仅是简单许愿，而是具体的、有计划的行动。因此，与其希望一步到位地练出积极思维，不如给自己设定一个实际的目标，先实现健康思维。

"9"听起来不是一个很大的数字，但是对于大多数人来说，一次性尝试 9 种方法还是太多了。那么，你要如何选择？从哪些技巧起步呢？我的建议是，选择最简单的、可以养成习惯的方法。

例如，自我关怀和设定目标就是一个很好的起点。这会给予你力量、动力和远见，有助于塑造批判性思维或者建立基于解决方案的思维。

健康的思维与情绪管理密切相关。这有点像是"先有鸡还是先有蛋"的问题——如果无法牢牢掌控情绪，想要建立健康思维就会变得更加麻烦；反之亦然。下一章的开头将会告诉我们，人类的大脑和情绪是多么不可思议，又是多么复杂。

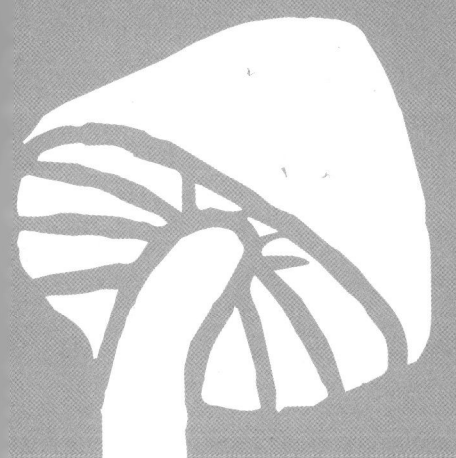

第5章

掌控大脑，你的情绪你做主

当我告诉别人自己正在研究某个主题时，他们通常会以为我只不过是读了一些研究论文或文章。但事实上，我做了大量关于情绪的研究，并且对这个主题深为着迷。我承认，我以研究的名义看了好几遍迪士尼皮克斯公司的电影《头脑特工队》（*Inside Out*）。

不管是因为那些经典的迪士尼电影，还是因为其他类似的卡通片、童话故事和 20 世纪 80 年代的爱情歌曲，人们仍然会受到这样的观念误导，认为心负责控制情绪，大脑则负责控制逻辑和智力。即使我们很清楚，这一点根本说不通。

情绪与大脑，这是个复杂的问题……

就这个词最基本的意义来说，情绪使人类得以生存下来。在有危险的时候，情绪会发出警告。面对前来捕食、步步逼近的巨型剑齿虎，如果山顶洞人还围坐在一起忙着讨论最佳的解决方案，是活不了多久的，他们需要"战斗或逃跑"的本能反应。

随着人类的进化，情绪也在进化。多层迷走神经理论认为，正是第三种神经系统的发展将人类与爬行动物之流区分开来。之后我们还会讲到这个理论。

大脑是如何产生情绪的？

人类的大脑包含许多结构和系统。其中，负责情绪和行为的是边缘系统，这个系统中最重要的两个部分就是海马和杏仁核。

记忆在海马中形成，然后被归档和存储在大脑的不同区域，其中大部分成为长时记忆。海马可以将某种刺激与其他记忆联系起来，比如气味。在新的脑细胞发育的过程中，它是一个重要的组成部分。

杏仁核中也会产生新的神经元。杏仁核对情绪反应至关重要，但它也与不同记忆中的情绪有关，尤其是恐惧。杏仁核的另一个功能是确定储存记忆的强度。恐惧只需重复几次就能形成记忆，比一些积极情绪形成记忆所需的次数更少，所以我们对恐惧的记忆往往更为强烈。

下丘脑负责接收来自边缘系统的信息，然后将这些信息传递给自主神经系统。这个无意识系统被认为是由不同的结构组成的，包括交感神经系统和副交感神经系统。

交感神经系统是负责所谓的"战斗或逃跑"的系统。它能让身体做好应对恐惧或压力的准备，令我们的呼吸变得急促、心率加快、肾上腺素激增。

然后，副交感神经开始作用，放松身体。

在对迷走神经系统进行了一系列实验后，斯蒂芬·波格斯（Stephen Porges）提出了一个理论，现在已经被心理健康专家广泛接受，这就是多层迷走神经理论。

该理论认为，神经系统存在第三种形式，称为社会参与系统。这个系统令我们得以进入那些通常被评估为危险的社会环境。

解读面部表情和身体语言是至关重要的。在开口说话之前，我们已经接触到了他人的情绪。我们下意识地从其他人那里读出线索，副交感神经和交感神经系统共同做出反应。

科学知识讲得够多了，让我们来看一个例子。晚上，你走在一条黑暗的街道上，这片街区不大安全。你听到身后传来了脚步声，这一听觉信息被发送到边缘系统，那里释放出大量的化学物质。

这些化学物质就是触发交感神经开始行动的信息，于是你跑了起来。终于，你来到了一个安全的地方，危险过去了，副交感神经系统开始工作，让你的身体冷静下来。

许多专家都已达成共识,情绪和行为不可能只归结为一个或两个系统,因为我们的情绪是复杂的。例如,还从没有人考虑过神经是如何让人产生恶心的感觉的。

关键的问题在于,如果有谁还认为唱着"总是看向生活中光明的一面"就能够控制我们的情绪,那就太天真了。

我们究竟有多少种情绪?

在了解情绪的复杂性之前,让我们先来做一个小小的练习。

花点时间写下你能想到的所有情绪。完成之后,数一数这些情绪中有多少是消极的。

你可能会震惊地发现,你在清单上列出的消极情绪比积极情绪更多。这并不是你的错。我们在上一节已经讲到,诸如恐惧之类的负面情绪,更容易被深深地嵌入记忆里。

每当我们想到一件事,大脑中的神经突触就会增强,记忆也会由此得到强化。相比于积极经历,我们倾向于更多地反思自己的消极经历,于是这些记忆就会被强化,变得更容易回想起来。这就是所谓的消极偏见。

作为研究的一部分，我也做了相同的练习，写出了58种情绪。然而实际上，情绪的类别多达34000多种！

为了让我们理解这些情绪，美国科学家罗伯特·普拉切克（Robert Plutchik）发明了情绪轮盘。8种基本情绪处于轮盘的中间位置；在轮盘的内部和外围，情绪的强度逐渐增强或减弱，变为新的情绪。

在这些情绪的主干之间，可以包含多种情绪的组合，这也证明了情绪是一个复杂的概念。比如，在纯粹的悲伤和厌恶之间，还存在懊悔的感觉；在快乐和信任之间，有爱存在。

单以愤怒为例，我们可以感觉到的情绪有：

- 失望——背叛 / 怨恨
- 羞辱——不敬 / 嘲讽
- 不悦——愤慨 / 冒犯
- 生气——震怒 / 嫉妒

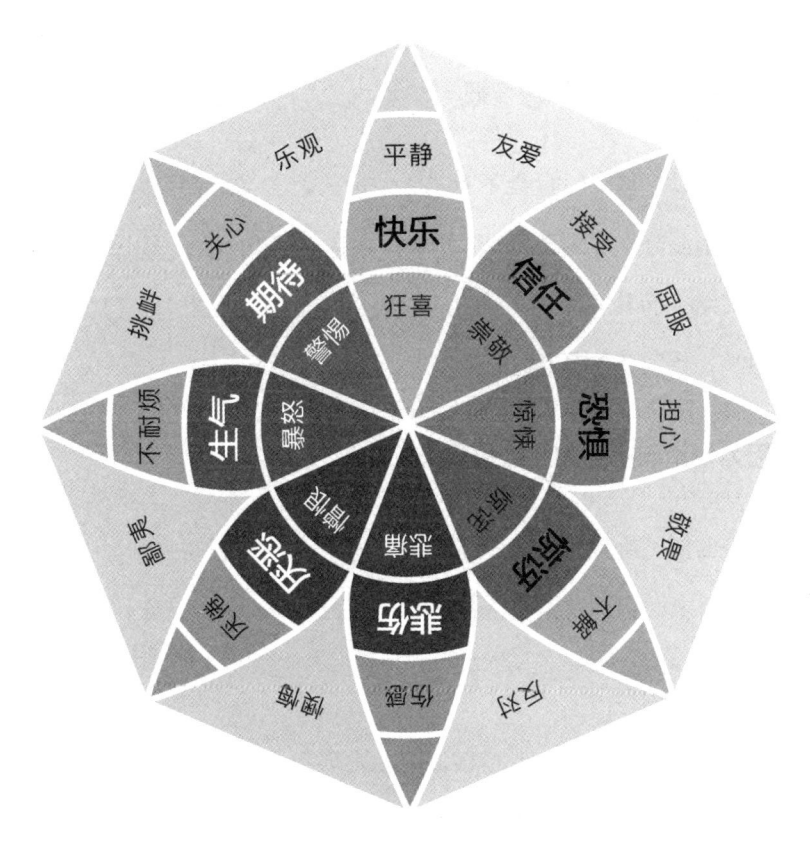

情绪轮盘

- 好斗——挑衅 / 敌意
- 沮丧——激怒 / 烦扰
- 冷淡——退缩 / 麻木
- 批判——怀疑 / 不屑

所以，这个轮盘会不断扩大，因为每种情绪都可以与另一种情绪混合，形成不同的感觉。这就是我们为什么会得出 34000 种情绪，而其实数量还远远不止这些。还有，在思考自己的情绪时，我们又会产生新的情绪。

因为情绪而产生的二级情绪

上周，凯特和伴侣闹了矛盾，两人为圣诞假期去哪里吵了一架。当她跟朋友谈起这个问题时，朋友回答说："起码你还有人陪，就应该知足了。"

起初，凯特感觉很糟糕，因为她很想出去玩，逃避常见的节日压力。然而，她的伴侣想要留在家里陪伴家人。她觉得自己很自私，需要找人谈谈，以便更客观地看待这件事。

自私、羞耻和困惑是凯特的基本情绪——这些已经很难应付了！然而朋友却告诉她，她应该为自己不是孤身一人而感到知足，这时，羞愧就变成了内疚，她经历了二级情绪，或者叫元情绪。

元情绪[①]分为 4 种：

- 消极 – 消极——因为感觉糟糕而觉得糟糕
- 消极 – 积极——因为感觉良好而觉得糟糕
- 积极 – 积极——因为感觉良好而觉得良好
- 积极 – 消极——因为感觉糟糕而觉得良好

这一切真是令人难以置信的复杂。首先，你的大脑中存在一个二级情绪系统，由其他控制初始情绪的系统组成。其次，你拥有一整套由初始情绪所激发的情绪，它们可能会被贴上 34000 种不同的标签。

[①] 元情绪是一种主体对自我情绪，诸如喜、怒、哀、乐等体验做出知觉、评价、描述与监察，并对其产生的原因、过程、结果进行反复分析和调控的能力。——译注

情绪还会随着认知和我们对特定情况的想法而发生变化。在一些文化中,男人与女人握手会激发一系列负面情绪;而在另一些文化中,这是一种得体的行为。一个笑话在某个国家可能听起来很搞笑;在另一个国家则可能是粗鲁的冒犯。

你并不等于你的情绪

但是,如果剥离所有这些层级,将问题简化,又会怎样呢?在成千上万的情绪背后,有一个系统存在。这个系统不能代表你本人,只是你大脑的一部分。在被称为神经可塑性[①]的过程中,大脑的各个部分都可以产生新的脑细胞。因此,与其把情绪看作一种已经不那么必要的生存形式,我们需要让自己从情绪中抽离出来,认识到它们属于一个可以改变的系统。

情绪管理的第一步就是明白"我很生气"和"我感到有怒气"之间的区别。"我生气"意味着一种持久的愤怒状态;"我

---

① 神经可塑性(neuroplasticity)是指重复性的经验可以改变大脑的结构。大脑由神经元细胞和神经胶质细胞构成,这些细胞互相连接,通过加强或削弱这些连接,大脑结构可以发生改变,因此可以适应个体的发育成长过程,或者是在大脑损伤之后通过可塑性重建连接。——译注

感到有怒气"则是将身体和情绪系统区分开了。

抹杀情绪，人类将无法生存

消极偏见是存在的，恐惧更容易被储存在记忆中，抑郁和焦虑会不断增多。那么，如果不必设法阻隔这些情绪，而是干脆不让它们存在，岂不是更容易吗？

神经科学家安东尼奥·达马西奥（Antonio Damasio）的著名病人艾略特可不这么认为。在一次切除脑瘤的手术中，艾略特的部分额叶也不得不被切除了。他的智商并没有受到影响，仍然很聪明，然而，他完全无法表现出任何情绪，因此也无法做出决定，变得与世隔绝。

尽管艾略特智商很高，但他的婚姻和职业生涯还是被毁了。最后，达马西奥做出了一个大胆的声明，同笛卡尔、柏拉图和康德等人的教义背道而驰。这些曾经的伟人都说过，只有忽视情绪、专注于理性，才能做出最好的决定。

掌控你的情绪,只需6步

上文中提到过,对于别人的建议,我总是很慎重。但是神经学家、心理学家和犹太大屠杀幸存者维克多·弗兰克(Viktor E. Frankel)的话太有力了,不容忽视。

在刺激和反应之间,存在一个空间,在那里,我们有力量选择自己的反应。这些反应展现了我们的成长和自由。

你没有能力控制别人的情绪或行为,而且那也不是你的责任所在。尽管如此,在产生情绪和做出反应之间的那一瞬间,该怎么做还是取决于你自己。管理情绪包括对情绪进行识别和控制,这样你就可以采取恰当的应对行动了。

1. 给情绪贴上确切的标签

你或许能够识别出8种基本情绪:愤怒、恐惧、悲伤、厌恶、惊讶、期待、信任和快乐。但是，可以供你使用的形容词或许多达 34000 种，这 8 个基本标签显然不够具体。

你会因为看到某条新闻而感到惊讶，也会因为收到伴侣的礼物而感到惊讶——这二者绝不可能是一回事。给情绪贴上确切的标签是辩证行为疗法中经常运用的一种技巧，它可以帮助人们处理自己所经历的复杂情绪。

2. 明白情绪没有好坏之分

莎士比亚写道："世上之事物本无善恶之分，思想使然。"情绪也是如此。贴标签是理解它们的必要条件，但是只有当你认为一种情绪是好的或是坏的时，它才会变好或者变坏。如果你现在害怕离家出门，这种情绪本身并没有错。它是在保护你，就像它保护你远古的祖先一样。带来危害的是由这种情绪造成的不愿出门的行为。

我们称某些情绪为负面情绪，并不是因为它们是下流或肮脏的，而是因为它们对你的生活产生了负面影响。就拿性欲来说吧。这只是一个词，可以导致独特的体验，但如果你控制不好，就可能带来负面影响。接受这一点，是接纳自己情绪的第一步。

3. 识别情绪模式

有些时候，要做到这一点相对容易。当孩子不断打扰你时，你会感到烦躁。当老板设下套路让你加班工作的时候，你会觉得自己很容易上当受骗。

但在其他时候，情绪模式就没那么容易被识别出来了。比如，你对一件事或一个人的看法可能会固化。再比如，如果你每次都害怕在社交场合遇到某人，那么就会产生一种情绪模式，尽管实际情况可能并不总是像你想象的那么糟糕。

固定在你头脑中的情绪模式意味着，除非打破这个习惯，否则你便无法改变结果。

4. 打破情绪模式的循环

情境也许会改变，但你会发现，情绪模式的循环仍然是相同的。你曾因为自己高中时的男朋友或女朋友而心生嫉妒，也曾为大学时代的新伴侣吃过醋，结婚以后，你又再次变得善妒。你绕着一个交通环岛转圈，找不到出路。

关键点在于，虽然情况不同，我们仍然会经历同样的重复性模式。上一次，你可能因为心力疲惫而无法反抗老板的套路，而这一次依然没有准备好。至于你的丈夫或妻子，也已经不再是你上学时爱上的那个年轻人了。

到目前为止，我们一直以消极的方式谈论假设，因为这些假设令我们无休止地反复思考。现在，我们要以积极的方式看待假设。

如果你今天就和自己的伴侣谈谈，解释一下内心的感受，会怎么样呢？告诉他们，尽管他们没有做错任何事情，但你还是缺乏安全感。他们可能并不会觉得不满，而是会找到让你安心的办法，这样循环就被打破了。

如果今天你直接说"不"，或者告诉你的老板"这个套路对我没用"，又会如何呢？

如果试着告诉孩子，在需要你关注的时候，他们可以摸摸你的胳膊，而不是不停地打断你，又会怎么样呢？

现在，你已经认识到了自己的情绪模式，来看一看可能带来积极结果的假设情境吧。

5. 创造空间，与情绪拉开一定距离

我并不是建议你忽视自己的感受。应对情绪的时机有对错之分，如果你觉得自己的情绪过于激动，那么现在就不是拒绝老板的好时候。你传达的信息听起来可能不是坚决的，而更像是带有攻击性的。

创造一些情绪空间——可以是一小段散步，体验大自然的治愈作用，翻翻朋友和家人的照片，看看有趣的视频，或者只是和别人聊聊天也行。

6. 用正确的方式表达情绪

在情绪和行为之间有一个极其短暂的时间差，因此，如何正确表达情绪是一项可以练习的技能。组织思路通常需要一些

时间，所以不要在激动的时刻随便开口。

如果你无法在一瞬间组织好自己的思路，那就先走开。你应该说一些"我回头再跟你说这事"之类的话，然后离开。接下来，决定好你想要的结果，准备好你需要的语句，再找一个更合适的时间回去说出你的想法。

一定要在稍后把你想说的话说出来。如果不这么做，你就没法打破情绪模式的循环，最终会感到后悔以及其他各种元情绪。

如何应对元情绪?

与应对主要情绪一样,应对二级情绪或元情绪的第一步,就是弄清楚自己对它们的感觉。

要做到这一点,你需要提出以下问题:

- 我对快乐有什么感受?
- 当别人兴奋时,我有什么感受?
- 当我生气时,有什么感受?
- 我对焦虑有什么感受?
- 当别人感到骄傲时,我有什么感受?

正如主要情绪一样,元情绪也扮演着重要的角色。例如,要是你受到不公平的对待,可能一开始会感到失望,继而则会愤怒——愤怒是自然产生的元情绪。没有愤怒,你就没有足够的动力去改变现状。

如果你在骄傲的时刻感到内疚，这种内疚感会告诉你什么呢？你有可能为了实现自己的目标而伤害了别人，或者做了一些违背自己价值观的事情。

你需要分析这些元情绪，辨别它们是否有所依据。例如，也许你并没有伤害别人或违背自己的价值观，而是将自己与那些不幸的人进行了比较。这时内疚对你来说就是不公平的，因为你是通过努力工作才赢得了这个值得骄傲的时刻。在这种情况下，你需要回到自我关怀的问题上，更加善待自己。

另外，不要忘记道歉的力量。元情绪可能是在警告你：你错了。如果真是这样的话，一个诚恳的道歉将会大大帮助你做出弥补，同时理解这些元情绪。

记录情绪日记

我们已经讲过写日记能带来多少益处,而情绪日记也同样很有帮助。当我们写下自己的感受时,也就学会了将各种问题和关心的事情排列出主次轻重。

如果你可以在每天晚上花 5~10 分钟,写下自己在这一天中所感受到的情绪,将能更清楚地认识到自己的情绪模式及其触发点。

以下是写情绪日记的 6 个步骤:

1. 写明你的主要情绪
2. 确定其原因
3. 判断是否存在元情绪
4. 列出由于这种情绪导致的行为
5. 反思这种情绪是否恰当合理

6. 集思广益，想出其他更好的办法来处理自己面临的情况

消极－消极的元情绪是最常见的。不幸的是，它们或许也是最难应对的，还会导致其他心理健康问题，如压力、焦虑和抑郁。如果你无法控制自己的消极－消极或者积极－消极的元情绪，有必要咨询医生，看看是否可以通过治疗改善。

小练习

刺激你的副交感神经系统

坚持上文所说的 6 个步骤，可以提升情绪意识，改善情绪管理。接下来，让我们看看其他一些方法。这些方法有助于刺激你的副交感神经系统，让情绪平静下来。

- 多吃绿叶蔬菜。它们富含维生素 B、C、E 和镁，所有这些都对神经系统有益。
- 牛油果、坚果、三文鱼甚至黑巧克力都是抗压食品，可以滋养副交感神经。

- 专注于深呼吸、腹式呼吸，重新平衡身体中的氧气和二氧化碳。
- 练习视觉化。想象一个快乐、平静或舒心的地方，画面要具体。激活所有的感官，想象自己能闻到、听到、看到和触碰到什么。
- 冥想。花几分钟时间放松，让自己感到舒适，把注意力带回当下。
- 全神贯注。从需要完成的所有任务中退后一步，只去关注其中一件事。
- 专注于一个能让自己平静下来的词。它不一定要与情绪或积极性有关。只要是一个你可以脱口而出也喜欢听到的词就行了。
- 想象一下自己的身体正在发生什么反应。有时大脑运转过快，让我们很难关注到具体的生理过程。例如，有一个方法我总是觉得很有用：想象一个邮递员，他从我的眼睛那里获取了信息，然后敲开边缘系统的大门，然后边缘系统给下丘脑打了个电话，下丘脑再向窗外的神经系统喊话。
- 将一两根手指轻轻地在嘴唇上划过。双唇上存在副交感神经纤维，触摸嘴唇可以激活副交感神经系统。

> 不过要注意有没有谁在看你——你可不想发出错误的信息哦!

本章介绍了情绪的重要性及其范围,还有管理情绪的方法。这些科学是非常奇妙的,所以请花点时间,坐下来思考一下你的大脑和身体是多么有意思。

很多时候,我们把一些情绪视为困扰或阻碍,而事实上,它们有着非常重要的作用。

然而,也有一些导致消极性的情绪具有高度的破坏性。因此,要想管理好情绪,开始以健康的方式思考,可能需要付出更多的努力。如果你觉得消极想法阻碍了自己的进步,下一章会给出一些简单的方法,教你如何控制负面情绪。

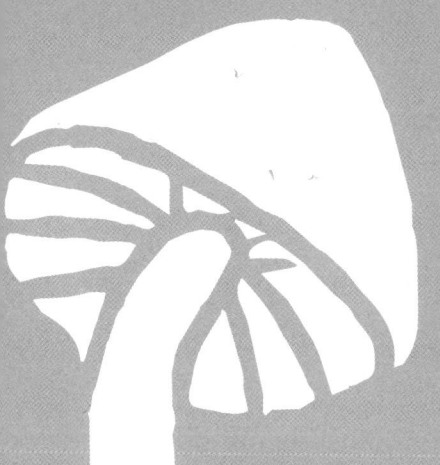

第6章

感觉低落也没关系!
轻松应对负面情绪

负面情绪真的负面吗？

这些可怜的负面情绪为何会落得如此糟糕的声名，实在令人难以置信。即使理解了消极偏见和复杂情绪，我们还是会讨厌负面情绪，就好像它们是在公共场合不允许出现的脏话一般。

在这里，我们首先要搞清楚的是，负面情绪本身并没有破坏性。这一点之前已经说过了，但值得重申一下！每种情绪的出现都有其目的，或许我们并不总能明白其目的何在，于是便觉得这种情绪是负面的。

事实上，情绪没有好坏之分。真正重要的是应对情绪的方式，这决定了它会带来积极还是消极的结果。

以失望为例。你收到了一个项目的反馈，结果并不理想，令你很失望。你可以把这种感觉看作失败的标志；但或许，你也可以把它看作激励自己成长和提高技能的动力。

再举一个愤怒的例子。如果你生气了，把气撒在别人身上，愤怒就会变成一种负面情绪。但与此相反，如果你利用愤怒来纠正错误，那么愤怒的感觉就是一种积极的情绪。

现在，来仔细看看我们感知到的一些负面情绪。请记住，我们不是在区分这些情绪是好是坏。然而，在以下几种情况中，每一点情绪都有可能带来积极的结果。

我们为什么要生气？

愤怒源于生存本能。仔细观察"战斗或逃跑"反应就会发现，我们的战斗能力是由愤怒激发的。它能提高感官敏锐度，让我们保持警惕和专注。此外，这种自我保护的需要还会让人精力充沛。

如果有些事情阻止我们得到自己渴望或者需要的东西，我们就会生气。然而，正确衡量这种情绪可以鼓励我们解决问题、克服障碍，进而帮助我们实现自己的目标。在这种情况下，愤怒可以引导我们自我完善。

世界上有很多不公平的事情发生，不仅仅是针对我们个人。如果我们对不公的现象感到愤怒，就会更愿意去采取一些行动。从全球范围内有关气候控制的问题就可见一斑：直到普通民众表达了愤怒，政府才开始采取应对措施。所以，从这层意义上说，愤怒有助于我们捍卫自己的价值观和信仰。

悲伤能带来什么益处？

人们曾经很难理解悲伤，因为它在"战斗或逃跑"反应中并没有发挥作用，很难看出它在人类进化中起到了什么样的作用。快乐总是比悲伤更受人青睐，然而大脑的磁共振成像结果显示，轻度的悲伤可以在很多方面带来益处。

约瑟夫·福尔加斯（Joseph P. Forgas）及其同事进行了多项关于悲伤的研究。一项研究表明，与晴天相比，在阴暗的雨天里，人们能够更好地回忆起曾经在商店里看到的那些让人伤感的物品。他们对细节的注意力和记忆力都增强了。

研究小组还证实，悲伤会提升人的判断力。实验参与者被分为快乐和悲伤两组，按照要求对50个描述琐事的句子的真实性进行评判，结果显示，悲伤组能够更好地确定哪些句子是真实的。负面情绪会减少判断偏见，帮助我们看清事物的真相，而不是通过乐天派的眼光来看待一切。

悲伤还能提高我们完成任务的动力和在任务中的努力程度。在快乐的时候，人们不需要尽力去改善心情；而悲伤的人则需要努力让自己心情变好，这种努力会体现在其他活动中。

在某些情况下，悲伤还会有利于人际互动。例如，一组人观看了一部悲伤的电影，另一组观看了一部快乐的电影，之后他们都被要求从隔壁办公室取回影碟。人们注意到，悲伤组的人会表现得更有礼貌。

孤独有那么糟糕吗？

自从新冠疫情暴发以来，我们可能都感到更加孤独了。但事实上，孤独有各种表现和不同的程度。未必只是被隔离在家里才会感到孤独。也许你生活在一个陌生的国度，不懂当地的语言，无法加入别人的谈话，那么你也可能会感到孤独。

孤独源于人类的生存本能，可以追溯到聚集狩猎的时代。如果一个人开始感到孤独，那就是在提醒他，是时候回到集体中去了。只有在团队环境中，我们才有机会感到自己的价值获得了肯定和证明。

我们有必要不断告诉自己，独处并不等于孤独，尽管有时你在独处时的确会感到孤独。独处的时光可以帮助我们重新整理自己的思绪，进行内省，确定自己想要实现的目标。

此外，孤独的时光往往能促使我们重新变得善于交际。在新冠疫情期间，大家想必已经见证了这一点。经过几个星期乃至几个月的隔离之后，世界各地许多人的孤独感都达到了顶峰。这让我们意识到，人与人之间的关系比想象中更为重要。许多人又开始与亲朋好友联系了，邻居们通过阳台和窗户相聚，表达彼此的欣赏和联系，这样的画面真是令人感动。

我们能从失望中学到什么？

和新冠带来孤独感一样，疫情让我们中的许多人一次又一次失望。婚礼、假期、家庭聚会纷纷被推迟或取消，业务扩张计划只能延期，促销活动也被搁置，诸如此类。

但是就像其他所谓的负面情绪一样，失望可能是好事，也可能是坏事，取决于我们能从中收获什么。如果仔细考量负面情绪就会发现，失望情绪往往集中在我们错过的东西或是落空的期望上。

詹姆斯·克利尔（James Clear）在《原子习惯》（*Atomic Habits*）一书中，将其形容为"失望之谷"。如果我们为自己设定了一个目标，就会对实现这个目标抱有一定的期望。不幸的是，在实现目标、取得突破之前，因为没有达到自己的期望，我们的情绪会跌入一个低谷。

例如，有人设定了在三个月内储蓄1000美元的目标。他对此十分兴奋，还制订了一个计划。然而，从设定目标到实现目标的过程中，失望的感觉产生了。如果任由消极性混入这一失望之谷，坚持目标就会变得愈加困难。

失望在生活中时常发生，我们有必要看到它的益处。在经过失望之谷时，我们的韧性会经受考验。韧性让我们有机会获得自我成长，变得更加坚强，而不是在事情棘手时轻易放弃。

想要看到失望的益处，还有一个简单的方法，那就是认识到失望之感暗示着你对某事抱有热情。如果没有失望的感觉，那是因为你从一开始就并不在意。就像在之前所举的例子里，1000 美元的目标还不足以让你兴奋起来。

我们是否需要焦虑、担心和紧张？

我们已经多少谈了些关于这三种情绪的事情，也讲到了恐惧，这些情绪都对生存至关重要。尽管我们现在已经不会遇到人类祖先当年那样的危险了，但仍然需要这些情绪来使我们意识到今天会面临的潜在风险。

当处于焦虑或恐惧的重压之下时，我们需要认识到自己的身体在表达什么。它是不是在告诉我们，我们需要保护自己免受某事伤害呢？又或者，我们是否需要借助这些情绪来行动？

如果一段时间以来，你一直困在同一个工作岗位上，可能会害怕展现自己、引人注目，也不敢要求晋升。然而，眼下并不是僵持或逃避的时候。恰恰相反，现在就应该利用自己的这种情绪作为动力来争取升职——从长远来看，这是在为你自己谋幸福。

如何区分内疚和羞愧？

曾几何时，内疚被视为一种公开的情绪，而羞愧则被当作一种私人情绪。但自20世纪70年代以来，二者有了更准确的定义。羞愧是我们对自己产生的一种情绪，而内疚则是对他人产生的情绪。因此，尽管二者有所不同，你也有可能对同一行为既感到内疚又觉得羞愧。

如果你某天深夜出去喝酒，导致早上爬不起来，没能去给孩子的足球比赛加油助威，你会对过度饮酒和缺乏自制力感到羞愧。同时，你也会因为没有陪伴自己的孩子而感到内疚。

内疚和羞愧都能令我们分析自己的行为，决定是否需要为这些行为道歉。除此之外，这些看似消极的情绪还可以在其他方面为我们提供帮助。

感到内疚是具有共情能力的表现。它表明我们可以从他人的角度看待问题，看到我们所造成的痛苦或折磨。例如，一组志愿者被要求解读面部表情，识别愤怒、悲伤、快乐、恐惧、厌恶和羞愧。在该实验中，更容易产生内疚感的志愿者可以更准确地识别他人的情绪。这一结果凸显了内疚与共情之间的联系。

羞愧也能在物种生存方面起到一定作用。它可以教会我们关于社会群体生活的规范。例如，如果群体中的某个人因为偷东西被抓，就会给群体内的互动造成问题，导致信任的缺乏。而为了生存下去，一个群体必须能够相互信赖。

正如愤怒和恐惧的情况一样，羞愧在今天已经不像在古代那么重要了。但是，不论是来自什么文化背景的人，都有必要理解是非对错。偷喝室友的最后一瓶酸奶不会降低你的生存概率，但这种行为仍然违背了社会规范。

羡慕和嫉妒有何不同？

让我们分别来看看这两种情绪，先从嫉妒开始。嫉妒是当我们想要得到属于别人的东西时产生的一种感觉，其中通常会多多少少包含一些怨恨，有时甚至是怀疑。嫉妒的一个最纯粹的例子，就是在弟弟妹妹出生后，一个孩子要被迫习惯分享父母的注意力。

嫉妒的根源很可能在于害怕失去。哥哥姐姐是在担心，家里的新生儿会占据父母更多的注意力，或者至少会夺走一部分父母原本给予自己的关注。

如果你感到嫉妒，并不代表你就是个坏人。然而，你需要弄清楚自己到底是在害怕失去什么。否则，这种情绪可能会导致负面行为，比如虚伪的赞扬和故意提出误导的建议。不管怎么样，嫉妒是有所求的。

羡慕则是想要得到别人的东西，但同时也为对方的成就感到高兴。例如，如果你嫉妒一个同事得到了自己想要的晋升，可能会想象他在第一天就搞砸了；而羡慕意味着你对自己没能得到这个职位感到失望，但还是希望同事会做好。

我们可以利用羡慕带来的失望感觉，因为此时的我们不会想方设法破坏对方，而是会寻找方法更努力地工作，来实现同样的目标。当你把热情和羡慕结合起来,就拥有了两种自我完善的基本工具。

为什么悲痛很有必要?

悲痛通常会招致包含有毒的积极性的话语,这并不一定是因为对方在试图让你振作起来,而是因为他们不知道该说什么才能让情况变好。在有人去世时,我们经常会听到别人说"他们去往生极乐了""至少他们不再受苦了"。但这些善意的话语对安慰我们根本起不到什么作用。

悲痛不是一种令人愉悦的情绪。但与此同时,我们必须接受这样一个事实:有时候悲痛的经历在所难免,阻止或忽视它反而会让生活变得更加艰难。

我们通常认为,当所爱的人去世时,人们会感到悲痛。但悲痛也可能发生在许多其他情况下,例如:

- 一段情感关系的结束
- 失去健康、工作或家园

- 流产
- 宠物的死亡
- 失去保障、安全感或稳定感

很难想象悲痛还会有积极的一面，但我们的确可以从悲痛中获得教益。当然，在这个过程中，我们需要按照自己的节奏度过悲痛的 5 个阶段，即否认、愤怒、讨价还价、抑郁、接受，这个过程也会有助于我们理解悲痛所带来的其他收获。

遗憾的是，悲痛的到来意味着我们需要接受很多事实。我们必须接受有些事情是自己无法控制的，这会让我们心存感恩，不仅仅珍惜自己所拥有的东西，更重要的是学会对那些我们可以控制的事情感恩。同时，悲痛也会让我们反思和感恩那些离去的人或是失去的事物。

悲痛的 5 个阶段令我们得以更近距离地观察和理解自己的情绪，随之也会带来情商的提高。我们可以更加深入地了解自己和他人。如果能以一种健康的方式应对悲痛，你的目标可能会变得更加明确,也会培养出一种全新的决心。

悲痛是一个很好的例子,说明了感觉低落也是人之常情。每个人应对悲痛的方式不同,但倾听自己内心的感受是至关重要的,可以避免悲痛发展成更严重的问题。人生苦短,但这并不意味着你需要对自己的感受置之不理,立即去实现所有的梦想。

无论你之前把情绪看作消极的还是积极的,每一种情绪都肩负着两个功能:第一是提供相关情况的信息;第二是指导行为。仅仅为了这两个原因,我们就需要仔细倾听它们的声音。

对于恐惧、羡慕和内疚这样的强烈情绪,在你处理大脑接收到的信息并做出行为决策的同时,感觉糟糕也是正常的。然而,如果你开始对这些基本情绪产生消极的元情绪,这种消极状态便很有可能会影响你的决策能力。为了避免受到基本情绪和元情绪的控制,我们需要学习如何及时应对它们,以免状况继续恶化。

应对情绪、避免负面结果的 5 种方法

如果伴侣背叛了你，孩子说他们恨你，或者老板当着整个办公室的同事的面羞辱了你，你的第一反应自然是愤怒。在这种情况下，你应该忍住，默默数到 10，然后就翻篇算了吗？就因为明天一切都会好起来？

不！你完全有权利感到愤怒，但现在就看你怎么处理了。你要把伴侣的衣服放火烧了吗？你要骂孩子忘恩负义，气得摔上几扇门吗？你要跟老板干一架然后辞职吗？这些行为确实可以释放愤怒，但它们无法解决最根本的问题，反而很有可能让局面变得更糟。

一切都要追溯到情绪产生和你做出反应之间的那一瞬间。这个瞬间值得我们更加重视，想要在一眨眼的时间里克制强烈的感受，虽然看似不太现实，但的确是有可能的，而且是很有

必要做到的。

让我们一起来看看应对强烈情绪的 5 种方法，即使你觉得这不太可能实现。

1. 刺激副交感神经系统，让身体镇定下来

也许你通常听到的说法是，管理情绪的第一步是理解其成因。毫无疑问，这是正确的，但如果我们正处在情绪和反应之间的那一瞬间，根本就没有足够的时间进行这种内心对话。

我们需要一种解决方案，能在做出反应之前让我们冷静下来。要想做到这一点，可以刺激副交感神经系统，让它告诉身体镇定下来。

人们通常会一边数到 10，一边深呼吸，这个做法还是很有道理的。这种受控的行为会向大脑发送信号，帮助它意识到眼前的威胁已经不存在了。

迷走神经对于稳定情绪也能起到重要的作用。你可以通过往脸上泼冷水来刺激迷走神经，也可以按摩迷走神经。AllCEUs

咨询教育频道（AllCEUs Counseling Education）就做过一个精彩的视频来解释迷走神经，以及如何对它进行按摩。

以上三个技巧可以让你在面对突发状况时变得更加冷静、情绪更加平和，其作用值得我再三强调。不过，仅仅开始感到放松，并不意味着你的情绪已经完全得到了控制。所以，不管是 10 分钟后、1 个小时后，还是 5 个小时后，你仍然需要找出时间去应对自己的感受。

2. 善用肯定语，提醒自己接纳情绪的本来面目

阅读书里的信息，觉得很有道理就点点头，是一件很容易的事。可惜，在面对实际挑战时，还能记住这些内容就不容易了。当你热血沸腾，或者觉得泪水即将决堤如尼亚加拉大瀑布一般时，恐怕很难再告诉自己这些情绪是有意义的。

一句肯定语就可以让你冷静下来，直面内心的感受，比如"我的情绪正在试图告诉我一些事情"。答案或许并不总是那么明显。有时候，就像剥洋葱一样，你必须剥开几层才能看清真相。然而，这种肯定语使得我们能在原始情绪和理性逻辑之间

拉开一定的距离，以便找到情绪的根源。

3. 评估情绪产生的原因

当然了，人人都会有一些顺心的日子，也会有过得不易的时候。你是否对生活中的某些事情感到压力很大？较之平时，这是否会引起更强烈甚至是莫名其妙的情绪？

比方说，如果你这个月财政紧张，而手机账单又增加了30美元，那么由此产生的绝望感就会比财务状况正常的时候更为强烈。

至于疲劳和饥饿这样的状态，则会使任何情况都雪上加霜。然而反过来看，吃一顿有营养的饭、睡一个好觉，甚至仅仅是休息一下，都可能为解决问题带来新的希望之光。

根据具体的情绪，你也可以反思在某种情况下自己是否也有过错。如果孩子说他们恨你，那么是什么导致了他们的爆发呢？仅仅因为你是一个成年人，并不意味着你一定是对的。孩子同样正在学习情绪管理，需要你的言传身教。

你还需要认识到，有时候情绪是不公平的。再看看之前讲过的另一个例子。如果发现伴侣出轨了，你有权利感到愤怒和崩溃。但这并不代表你很软弱，你也没有因此而低人一等，更不是坏人。是你的伴侣选择了这条路，他人的行为由他们自己负责，你要怎么做则是你的选择。

4. 记录情绪，以便日后分析

把情绪想象成一份购物清单。在大脑中牢记一份购物清单或许是可行的，但是你的脑海里已经有太多的事情在运转了，很可能会忘记一两件。

将经历和情绪记录下来，能让我们看得更加清晰。你会惊讶地发现，在短时间的写作之后，当你回过头来重读自己的文字，就能对当时的状况更加明了。

这也给了你必要的时间来应对所有的情绪。你可能会经常写到某件事情，它又会让你想到其他需要吐露的心里话。如果我们让所有这些事都堆积在大脑中，反复纠结，就会难以厘清自己的思路。

5. 在脑海里或日记中演绎不同的情境

这时候,你应该感到更加平静了,大脑中负责逻辑的部分会帮助你更好地理解事情。

现在,来看看你想要什么样的结果。如果想让自己和他人的情绪都得到关照,应该如何处理当前的局面,如何解决问题呢?

和对待任何问题一样,第一步明智之举就是集思广益,至少找到两三种解决问题的办法。接下来,比较每种办法的优缺点,决定最佳解决方案。

你还可以更进一步,根据上述每种办法可能得到的结果,思考一下你将会感受到怎样的情绪。这并不是说你需要掌握算命或者读心术。但是,提前为可能出现的情绪做好准备,能帮助你更好地控制它们,避免产生消极的反应。

这 5 个步骤应该成为日常生活的一部分。一开始,这么做需要付出更多的努力，但随着每一次实践，这件事会变得越来越容易、越来越快。你越是能够很好地控制自己的初始情绪，就越不至于匆忙做出反应。

一旦做到了这一点，你便拥有了更强的能力去看清形势，也会感谢情绪试图向你传达的建议。

怎样进行一场困难的谈话？

你可能会认为，随着年龄的增长，我们会更容易进行一些困难的谈话，而不致感情用事。在某些关系中，可能确实如此，例如与父母或长期伴侣的谈话。

即便如此，一旦出现新的情况，沟通仍有可能受到阻碍。如果你们当中至少有一个人能够不带个人情绪，那么谈话顺利进行的可能性就会更大。这并不意味着你不应该把自己的感受表达清楚。我的建议如下：

- 一定要先想好再说话。例如，使用以"我"为主语的句子来表达感受，而不是去攻击别人的行为。
- 选择合适的时间交谈，最好是在大家都比较冷静的时候。举个例子，如果你的谈话对象刚刚进门，或是你明知道他们已经很累或者很饿了，那就还是等到他们有机会放松下来再说吧。

- 注意肢体语言。手臂和双腿交叉会被看作防御性的信号；耸肩可能显得消极；双手放在背后暗示着你在隐藏什么。要尽量让身体保持开放的状态，注意维持眼神交流。
- 明确自己的情绪。要记住，情绪是很复杂的，别人可能需要听到比"我很生气"或"我很伤心"更具体的表述。你可以在计划阶段就给自己的情绪贴上明确的标签。
- 积极倾听对方的声音。如果你只接受自己想听到的东西，就无法做出恰当的反应。有意识地克制自己，不要打断别人。如果交谈中的一方或者双方都喜欢打断别人，可以使用计时器。
- 小心"圈套"。"圈套"是指别人用来操纵你或者想引起你特定反应的话术。别忘了，对方希望你有所反应。暂停下来，深呼吸，然后再做出回应。

如果在这些困难的谈话中，你没有取得任何进展，或者你感觉到自己的情绪越来越难以控制，请暂时离开，按下暂停键。

要让对方知道，你还想继续聊，但需要先有几分钟的时间来集中注意力。

正确的措辞，对情绪管理至关重要

对于这个问题，我只想谈两个方面——消极词语的使用，以及变换视角。

使用消极词语一定要精准

之前研究情绪的复杂性时，我们先是列出了尽可能多的情绪，然后将它们分为积极的和消极的。我们把得出的结果归结为消极偏见。然而，这背后还有另一层原因。

导致消极后果的情绪需要我们花费更多的精力来应对。想想诸如厌恶、憎恨、恐惧之类的词吧，它们会引发下一个问题：为什么？而想要找到答案，就需要进行复杂的解释，导致更多复杂的情绪。

"快乐"甚至是"惊喜"这样的词则全然不同。如果你感到高兴，或者别人告诉你他们很高兴，你不会质疑其中的原因。

无论什么年龄，无论什么文化背景，我们使用的词语中有 50% 是负面的。至于剩下的部分，有 30% 是积极的，还有 20% 是中性的。

这一点同情绪管理息息相关。由于上述事实，如果我们不能直接确定自己的情绪、找出合适的标签，就需要花费更多的时间和精力，从大量的"负面词汇表"中搜寻，直到找到正确的词汇。

反之，在一次困难的谈话中，如果我们评估了自己的感受，并给这种情绪贴上了正确的标签，就不必先列举出其他各种负面情绪，之后才让对方知道我们的真正感受了。

改变视角，用第三人称称呼自己

此外，我们还可以试试改变视角能带来哪些好处，这个方法可以用在谈话的准备阶段。

改变自己的思维模式，是指以第三人称视角而非第一人称视角来看待自己。也许你在电影或电视剧中看到过这样的角色，甚至在生活中也见过某个这样的朋友，会用第三人称来称呼自己。你可能会觉得他们有点不正常。然而已有研究表明，使用自己的名字而不是"我"来自称，可以提高人们在压力之下控制思维、情绪和行为的能力。

这一点是如何实现的呢？使用第三人称，如"他""她"或是你的名字，会在你本人和当前情况之间拉开距离，使得你能够从另一个角度看待问题。

这就和给朋友提建议是一样的原理。如果不是自己的问题，你便会更容易客观地看待事物，有机会给朋友提供他们本人想不到的解决方案。

因此，要想选择正确的语言来帮助自己管理困难的情绪，我们不仅要小心使用消极的词语，比如"不""决不""没有人"等，也可以试试看用自己的名字来称呼自己。

> **小练习**

克服消极感受

除了上面讨论的步骤外,还有一些建设性的技巧也可以帮助你克服消极的感受。让我们从一些简单的方法开始,在你看到这些方法产生了积极的作用之后,就可以转向那些更具挑战性的技巧了。

- 象征性的释放——在纸条上写下你的情绪。点燃一把火,把每张纸条都扔进火中烧掉。
- 发挥创意——如果你不擅长写作,也可以画出自己的情绪,或者用杂志上的图片来做拼贴画。
- 创建歌单——不要只在播放列表里加入欢快的歌曲,这就像是音乐版的有毒的积极性。记得加入可以代表你当时感受的歌曲。
- 做自己的知心阿姨／叔叔——写一段简短的文字,描述自己的情况和感受,然后对这个消息做出回复。这样你就会产生距离感,也拓宽了视角。
- 找到情绪出口——想象你有一个情绪水龙头。不管是运动、看着网络视频大笑，还是与朋友一起玩闹，想象这个水龙头打开了，帮助你排走了一切负能量。
- 不再理会那些制造负面情绪的人——包括"能量吸血鬼"、"丧气鬼"、有毒的操纵者等。如果你不能无视他们，至少要拉开一些距离。所有这些人都会破坏你所取得的优秀成果。

有了正确的情绪管理之后，你并不会突然发现负面情绪消失了——它们依然是非常重要的。但现在，你可以接受自己这样的状态了。在应对自身感受的这一刻，你知道即使心情不好也没关系，因为这样的时刻总会过去的。

如我们所知，哀悼不管有多痛苦，都会自然而然地结束。哀悼使我们不必再牢牢抓住每一件曾经失去的东西，于是我们的力比多便又一次自由了。我们可以用同样新鲜或更宝贵的东西来代替失去的东西。

——西格蒙德·弗洛伊德

记住，要对自己保持耐心。你的负面情绪可能会在明天或者下周就自然而然地结束。只要明白，你正在尽一切可能厘清自己的感情，之后就会迎来终结。

既然你已经在情绪管理的道路上顺利前进了，现在让我们再来看看如何能在思维方式上取得类似的成功吧。

第 7 章

重塑消极想法，
追求真正的乐观

停不下来的过度思考

你上一次陷入思维循环,而且无法停止这种强迫性思维是在什么情况下呢?

或许你从上周就开始思考某件事情,它直到现在仍然在你的脑海中反复盘旋、挥之不去?又或许每天都会发生类似的状况?虽然这样的强迫性思维往往是由于消极想法作祟,但有些时候,你只是在对木已成舟的事情或者尚未做出的决定进行过度思考罢了。

消极想法让人筋疲力尽,而过度思考同样会消耗身心。让我们再次以家庭活动为例。

最近,很多人已经几个月甚至好几年都没能见到自己的家人了。尽管新冠疫情仍然是一个难题,但出行限制令已经相对放松,现在还是可以出去旅行的。然而,过度思考会导致下面的情境：

- 我太渴望见到所有的亲人了，现在有一个线下聚会的好机会，但是……
- 外婆年事已高，如果我在不知情的状况下把新冠病毒传染给了她，那该怎么办？但是……
- 妈妈已经很久没见到孩子们了，但是……
- 各种检测费用和所有的书面证明材料怎么办？但是……
- 我一直都在辛苦工作，是该好好休息一下了，但是……
- 万一感染了新冠，然后被困在一个酒店里隔离，那就得不偿失了，但是……
- 我已经接种了疫苗，现在应该是安全的吧……

如果你已经想不出新的"但是"了，可能又会转回第一个假设。请注意，这些假设中包含了一些消极想法、几分恐惧、一点兴奋，显然还有一些混合的情绪。

提供一个快捷的小练习：明确你最近一直在思考的事情，

对这些想法做一次快速的头脑垃圾清理，丢弃所有那些"然后"与"但是"的假设。

过度思考不只是针对生活中发生的大事情。下面列出了人们最容易过度思考的十大问题。

1. 怎样从一个既定的计划中脱身？
2. 穿什么衣服去某个场合？
3. 如何选择理财，比如储蓄或投资？
4. 自己在工作中开的玩笑是否冒犯了某人？
5. 如何催促某人还钱？
6. 某人发来的这句话是什么意思？
7. 为什么某人没有立即回复消息？
8. 朋友对自己的看法是怎样的？
9. 买多少钱的礼物合适？
10. 朋友为什么不回电话？

亨利·霍尔特公司（Henry Holt and Company）2003年的一项研究表明，在45～55岁的人群中，有52%的人会过度思考；而在25～35岁的人群中，这一比例更是高达73%。回复一条短信时如果过度思考,平均需要花费 9 分钟时间。

过度思考常常会导致分析能力失灵。如果我们对一个概念思考太多,就会难以做出任何决策。虽然有那么多选择在大脑中盘旋,但是由于我们并没有做出决定,也没有采取行动,于是永远无法知道一个选择究竟是对还是错。

过度思考也会造成生理上的影响。我们会变得精力不济,有些人甚至难以入睡。过度思考还会影响食欲:一些人会在压力之下开始暴饮暴食,另一些人则一想到食物就毫无胃口。

研究还表明,过度思考会降低创造力。例如,有 16 名女性和 14 名男性在绘制不同图画时接受了磁共振成像扫描。在这些图画中,有的很简单,有的则更为复杂。绘图过程由特殊设计的电子芯片记录下来,这种芯片可以在磁共振成像仪器中安全使用。

通过分析这些图画,研究人员发现,图案越是复杂,与创造力相关的脑区就越少被用到。

具有讽刺意味的是，在解决问题时，我们需要尽可能多的创造力。然而很遗憾，我们对一个问题思考得越多，解决起来反而会越困难。

控制消极想法和减少过度思考可以让你的头脑平静下来。不仅如此，它还会让你对自己的决策更有信心，小到回复短信，大到做出购买新房子的决定。

如果你想要成为自己思想的主人，有各种各样的工具可以帮助你——我们将从正念这一流行的选择开始。

RAIN 四步法，让你保持正确的方向

对于那些渴望活在当下的人来说，我们已经看到了正念练习是多么有帮助。事实上，正念并不是对每个人都适用，特别是那些头脑太过活跃的人，可能需要先进行练习，之后才能从中受益。

考虑到这一点，让我们来看看由米歇尔·麦克唐纳（Michelle McDonald）开发的正念工具：RAIN 四步法。我喜欢 RAIN，因为它提供了一个简单的框架，让我们得以应对困难的情绪，不对自己妄加评判，不必在过去和未来之间徘徊。

RAIN 是四个单词的缩写：识别（Recognize）、接受（Acceptance）、探究（Investigation）、非认同（Not-identify）。有些步骤看起来似乎不陌生，但是应用 RAIN 四步法，确实很有帮助，可以让你保持正确的方向。

1. 识别

没错,这一切都始于识别你脑海中的想法。接下来,后退一步,理解那些想法,因为它们会为你开启准确定义情绪的大门。

不论是思想还是情感,都不应该被妄加评判。所以,举个例子,如果你想躲回自己的房间,把自己和家里的那些闹剧隔开,请记住,不要评判自己、认为自己是一个糟糕的人。

2. 接受

接纳或允许某种感受存在的关键在于,不要试图去改变它。你可能不喜欢自己脑子里的想法,但是和情绪一样,如果试着不去想它,它只会变得更加强烈。所以,请大声说出你的想法,但不要加上自己的感受。

如果带着情绪去看自己的想法,那些念头就可能会变得难以接受。

例如,你想把自己封锁在一个安静的地方。但如果掺杂了情绪，想法就会变得复杂起来：你会因为想要独自躲在安静的地方而感到内疚。这样一来，你就必须在接纳想法的同时还要接纳情绪了！

3. 探究

你可以把这种自我探究与前文所述的第三人称距离法联系起来。

例如，你可以扮演福尔摩斯，第三人称的你则扮演夏洛克，在两个人之间展开一场对话。请记住，这是一次友好的调查，而不是坐在沙发上接受弗洛伊德的精神分析诊疗。

提出如下一些问题：你的想法是什么时候出现的？这是一个新想法，还是已经反复出现过的？是不是有什么人或者状况引发了这种想法？

4. 非认同——你的情绪不代表你本人

想法或情绪并不能定义你。你是一个拥有思维和情绪体验的完整个体，而想法往往是由来来去去的外力因素引起的。

如果你能将自己和自己的想法区分开来，就可以把自己看作一个不受限制和束缚的完整个体。这会让你活在当下，因为你明白，情绪和想法都是转瞬即逝的。

> **小练习**

把你的大脑想象成社交媒体上的好友

想象一下，你正在浏览社交媒体，你的大脑则是一个喜欢在网上发布动态的好友。例如，当你浏览新的消息推送时，会看到："大脑发表了一条评论——我不想参加那个聚会。"

你读了这个帖子，于是问大脑为什么不想去参加聚会、发生了什么事情。然后，继续往下翻看其他推送。这个简单的可视化方法涵盖了RAIN四步法的全部框架，用的是我们熟悉的方式——在社交媒体上浏览帖子。

当然，克服负面情绪和过度思考的解决方案永远不止一个。即使心理学家之间也会有不同的意见。出于这个原因，现在我们要来看看如何重新构建思维模式，从根本上改变思考的方式。

重塑影响思维的 15 种认知扭曲

重塑消极想法指的是认知行为疗法（Cognitive Behavioral Therapy，简称 CBT）中将消极解释转变为更加积极解释的过程。

在重塑消极想法和消极思维模式之前，我们需要更好地了解自己属于哪种思维类型。基于亚伦·贝克（Aaron Beck）1976 年的理论，精神病学家大卫·伯恩斯（David Burns）提出，有 15 种常见的认知扭曲会影响我们的思维。

1. 过滤信息——尽管正面和负面的信息都有可能出现，但我们会过滤掉正面信息，只吸收负面信息。
2. 两极化——从两个极端看待事物，比如只看到黑或白。这会让人把标准定得更高，更可能导致失败。
3. 过度概括化——当事情没有如愿发展时，就会使用诸如"总是""永远""一切"等词语。例如："我总是把所有的事情都搞砸。"

4. 轻视积极的一面——不肯相信别人的称赞，觉得对方只不过是出于客套。

5. 妄下结论——在毫无证据的情况下就轻信某些事情。比方说，如果伴侣看起来有点冷淡，就觉得他一定是有外遇了，而不是仅仅因为今天心情不好。

6. 灾难化——不仅妄下结论，而且还会将情况夸大。例如，老板突然打来电话，我们就马上认定自己要被解雇了。

7. 个人化——试图对所有的事情负责，即使是在自己无法控制的情况下；还有可能过于自我敏感。比方说，如果有人在谈论自己的宗教或政治观点，我们就会认为这是在批评我们。

8. 控制谬论——需要控制每个人和每件事；或者也可能出现与之相反的极端，感到完全失控。

9. 公平谬论——每个人都有自己的公平观念，而我们认为的公平往往倾向于对自己有利。因此，他人眼中的公平可能会与我们不同，跟这样的人打交道会导致对抗和怨恨。

10. 指责他人——这不仅仅是让别人为我们的感受负责，它是一种危险的认知扭曲。因为我们相信，受到我们指责的人可以影响甚至控制我们的生活。

11. "应该"的想法——类似"我应该感觉更好"这样的"应该"为我们树立了生活中的规矩,几乎没留下商量的余地。压力迫使我们去实现种种期望,完全不允许情况发生变化,即使情况其实根本不受我们控制。

12. 情绪推理——任由感受来决定我们所认为的现实。如果早晨醒来时感到焦虑不安,那就预示着今天会很糟糕。没能在感受和事实之间做出区分。

13. 机会谬误——期望其他人改变。认为只要施以足够的压力,他人就会接受我们的思维方式,我们的需求就会得到满足。

14. 全局标签——一种极端形式的过度概括,只根据一个事件来判断自己或他人。例如,看到一个衣着精美的女人,就给她贴上"难伺候"的标签。

15. 永远正确——许多人总是想要保持正确。然而,如果不遗余力地试图证明自己是正确的,这就变成了一种认知上的扭曲。

清单这么长,你可能需要花费一点时间,来充分了解自己的想法属于哪一类。你可以慢慢来，因为会有不同的方法来重塑消极想法，有些策略对某种特定的类别更有效，反之亦然。

下面介绍三种方法，它们都可以重塑想法，以获取更积极的结果。

迅速叫停

这是最快速的方法之一，可以阻止消极想法的发展。一旦你萌生一个消极的念头，就告诉自己赶紧停止。你可以大声说出来，或者如果周围有人，你也可以想象有一个巨大的"停"的标志牌立在自己面前。

立即纠正消极想法。不要用有毒的积极性取代它，而是选择用事实来代替。以下就是具体的方法：

你要在下次会议中发言或演讲，对此感到非常紧张。"我根本做不好"这个消极的想法侵入了你的大脑。

你告诉自己："停下来！我很紧张，但我能够做到的，而且我会从这次经验中学习，获得成长。"

这有点像一场掰手腕的比赛。消极想法也许会试图压倒"停下来"的劝告，在这种情况下，你需要更有力地重复这句话，强调某些表达信念的词语，比如"能够"和"将要"。想象一下这幅掰手腕的画面，用自我劝告的方式把那些消极想法压下去。

改写消极想法

对于你想出的每一个消极句子，花几分钟时间，写下或想出三种相反的表达。例如：

今天晚上将是一场灾难。

1. 今天晚上，我可以见到某某，我已经有好长一段时间没有见到他了。

2. 今天晚上，我可以和伴侣共度浪漫的一夜。

3. 今天晚上，我可以去那家一直想去的新餐厅试吃了。

对消极想法进行分析

从认识消极想法开始，明确这些想法背后是否具备任何事实依据，有没有证据可以支撑或反驳你的观点。接下来，问问自己是什么导致了这些想法的产生,以及应当如何从不同的角度来看待同一个想法,就好比换个方式重新表述一样。

此外,还要思考一下这些想法会不会给你带来帮助。通常情况下,我们会因此得到一个教训:不要急于下结论或是做假设。我们知道了,那些消极的自我对话往往是无凭无据的。根据你学到的这些经验,再去看看自己能否以不同的方式处理好这些想法,并设法应对导致这些想法的情况或人。

> **小练习**

优势清单

若想避免消极想法和过度思考,就需要克服消极的自我对话。如果现在让你马上罗列出自己的优势,你可能需要花上一分钟甚至更久的时间。我们回想自己的优势时花费的时间越长,就有越多的时间滋生消极想法。

列出你的优势清单;在页面最后留点空间,以便之后可以继续补充。如果你需要一点启发，可以参考下面列出的一些优势。

- 有鉴赏力
- 聪明伶俐
- 精力充沛
- 乐于助人
- 逻辑性强
- 认真负责
- 热情洋溢
- 精于艺术
- 好奇心强
- 灵活变通
- 谦虚低调
- 富有条理
- 直率坦诚
- 擅长运动
- 注重细节
- 高度专注
- 鼓舞人心
- 彬彬有礼
- 值得信赖

很多时候，看清宏观大局对我们而言会有所助益。然而，在消极想法的操控之下，宏大的画面可能会让人觉得不堪重负。因此，要把消极性划分成小块。

分别选择你的一种优势来对应每一块消极性。你可以专注发挥这一优势，因为它将帮助你解决情绪消极的问题。这个办法有助于你制定策略来克服消极想法。

控制过度思考和焦虑感的应急小技巧

当你开始胡思乱想、感到焦虑或遇到过于强烈的消极想法时，请尝试下面这个简单的做法来控制情绪、保持冷静，只需几分钟就可以放松下来。

1. 坐下来。完全沉浸在自己的感觉里，充分感受身体和内心的状态。

2. 允许自己产生不快或不适的感觉。

3. 像这样保持几分钟，体会这种不适。将你的注意力转移到自己身体里感觉最舒适的部分。可以是任何部位——你的耳朵、肚子、小拇指等。花几分钟时间体会这种舒适感。让这种感觉蔓延到整个身体，你会感觉好了很多，情绪也会得到改善。

4. 按照上面的步骤重复几次。

这些做法听起来都很不容易，即使我们能更好地控制自己的情绪和想法了,仍然会遇到令人不安、沮丧乃至精疲力竭的情况。在下一章,我们将探讨各种方法,以更加轻松愉快的方式来应对这些状况。

第 8 章

人生无常，六大原则助你渡过难关

想象一下，生活中的一切都如你所愿发展。你正昂首阔步地前进，到目前为止，所有努力都得到了回报。

然后，你突然得知在公司的下一个项目中，你要与自己最讨厌的同事一起工作；而你的孩子考试不及格，需要找人辅导。

即使在最快乐的时刻，还是可能会有一些坏事发生，把我们拉回原点——或者至少令我们感觉如此。

有一些方法可以应对这样的情况，令我们不会陷入消极思维，同时避免用有毒的积极性来压抑自己的感觉。

接下来，我们就来分析其中一些困难的情况，帮助你保持正确的方向。

从简单的挑战开始,重塑自信

这是我个人最熟悉的一种情况——当你陷入一成不变的状态时,不知道该从哪里开始着手。你可能在面对挑战时感觉进退两难,也可能是忽然之间觉得自己停滞不前了。也许你马上就要过生日了,却觉得自己这辈子一事无成;或者你已经达成了一个目标,但不确定下一步该往哪里走。

你可能已经试过了许多解决问题的方法,再三评估了自己的目标,还在必要的时候做出了调整。然而,如果仍然无法摆脱这种受困的感觉,我有一个不同寻常的建议,可以彻底改变你的想法。

身处这样的困局之中,你并非不知道该从何处下手,而是害怕做出正确的选择。这意味着你知道摆脱困境的方法,但恐惧阻止了你采取行动。

我们已经知道,恐惧的情绪会告诉我们一些事情。所以,在开始行动之前,先让副交感神经冷静下来,分析一下自己的恐惧,看看它是否合理。

如果它是有所依据的,那么这次尝试就是错误的。如果恐惧是毫无根据的,则需要被克服。但是,如果有人劝我们"明知山有虎,偏向虎山行",这与有毒的积极言论基本上别无二致。

信心对于克服恐惧很有帮助。但是,如果缺乏经验,你就很难找到信心。恐惧也会阻碍你获得自信。因此,你可以先剔除最具挑战性的因素,寻找其他方式来克服恐惧,从而提升自信心。

让我们以公开演讲为例。这个月你要在公开场合发表演讲,上台进行幻灯片展示。这一挑战自然会带来各种消极情绪、负面的假设与畏惧之感。但最关键的是,你认为自己做不到。此刻,与其尝试克服这种巨大的恐惧,不如先去解决一些并不相关的小恐惧来建立信心。

选择一个完全不同的恐惧对象——也许是恐高、害怕做不好菜,或者担心考试不及格。从解决一种小小的胆怯开始,就比如做菜吧。先在没有人旁观的时候，按照食谱来做，如果做砸了，就多尝试几次，直到做出美味佳肴。最后，为你的家人做顿饭。这样一来，恐惧就消失了。与此同时，你的自信心也增强了。

然后，重复这样的步骤，解决下一个恐惧，直到建立起信心。

可是这跟摆脱困境有什么关系呢？

每一次你克服恐惧，都给了你一个机会来扭转消极心理。你把"我做不到"这个消极想法，改写成了"我以为自己做不到，但是我做那道菜的时候成功了"。每一次胜利都会建立自信，帮助你克服恐惧。经过足够多次的练习之后，你的意识和潜意识就会积累起克服恐惧的经验。原本让你束手无策的终极恐惧将不再是一个障碍，而只不过是另一种需要克服的胆怯情绪而已。

用不了多久，你就会感激这样的个人成长。它让你既能够克服某个实际困难，也能应对生活抛给你的其他挑战。

调整心态，为自己负责

困难会有各种不同的表现形式，例如找不到工作，或是与亲人之间产生矛盾。

在应对这些负面情况时，不要拖延，因为这些问题不太可能自己迎刃而解。另外，拖延的时间越长，问题就越有可能恶化。

不管你面对的是什么样的负面情况，首先要调整好正确的心态。深呼吸，往脸上泼点水，或者练习几分钟的正念，使自己专注于当下。

理清你的消极想法和情绪。摆脱负面情况和陷入消极循环之间的区别在于，你有没有能力接受和重塑自己的想法和情绪。

即使面临负面情境，也要始终敢于承担责任。这并不意味着问题或者不利的结果是你的错误导致的，而是说你要为自己的应对方式负责。关键在于，如果你坚持消极想法，就不可能承担责任——你的大脑根本做不到！

承担责任听起来没什么了不起，但这是你朝着控制局面迈出的一大步。如果只能做出本能的回应，显然事情并没有尽在你的掌控之中。

按照前几章讨论的方法去应对你的情绪和想法，告诉自己，你不会在负面情绪的驱使之下做出决定。你一定能够以恰当的方式应对负面情况！

从错误中吸取教训

我们都害怕出错！犯错会导致消极的自我对话，阻碍所有学习机会。如果有谁觉得自己一辈子都不会失败，他们就永远也无法发掘出自己真正的潜能。

当我们尝试新鲜事物、走出舒适区或是探索问题的解决方案时，常常会犯错误。但是，仅仅犯了一次错误，并不意味着下次还会再犯，别听信那些想当然的算命套路。

我们犯下的每一个错误都会成为一次教训。有些是显而易见的——前一天晚上喝酒太多带来的宿醉，或者在无凭无据的情况下指责某人某事。其他一些错误则需要仔细审视，才能从中吸取教训。

我们不仅要为自己的错误承担责任，还需要大声地说出来，告诉那些需要听到道歉的人。"很遗憾事情没有成功"与"我搞砸了"是两种截然不同的表述方式。

要设定时间限制。时间的长短取决于错误的严重程度。但是，如果不给吸取教训的过程设定一个时限，最后就会发现自己在错误上纠结的时间太久了，其实没有必要。

我们必须进行反思，为自己的错误承担责任。我们必须寻找导致错误的原因，再问问自己：如果采取不同的做法，可能会怎样？通过改变具体的行为，我们能得出怎样的结果？

接下来，可以列一份清单，说明为什么我们不想再犯同样的错误。这么做并不是为了反思负面结果。相反，列清单的作用是提醒我们走上正轨并保持自律。

比方说，如果信用卡上已经负债累累，就应该写出重蹈覆辙会导致怎样的后果。同样，要想把一个特别有毒的人从生活中清除出去，就应该谈谈如果再次受到他的操纵会发生什么。

最后一步是制订一个严格而又不失灵活性的计划。最重要的是，基于我们的前车之鉴，这个战略计划必须包括一些防止重蹈覆辙的措施。

关注客观现实，打破固化思维

我并不是一位哲学家，不过我们还是需要先弄清楚客观现实的概念，然后再用它来解决问题。请记住，关于客观现实和主观现实，存在很多争论，所以我们可以自由地形成自己的观点。

在我看来，客观现实是指独立于思想而存在的事物；主观现实则是心灵所感知的现实。以下是一些简化形式的示例。

一朵花就是一朵花，我们都知道它存在；但如果不去看它、摸它、闻它，我们就无法感知它，所以这一现实是主观的，每个人都可能对这朵花有着各自不同的看法。客观现实则认为，自由女神像存在于纽约。这是普遍接受的事实，没有主观解释的余地。

在迷失于量子物理学和平行宇宙的世界之前，让我们来看看客观现实如何帮助我们渡过困难时期吧。

保持客观与相信客观现实类似。不论问题到底是什么，我们知道它的存在。如果带入主观性，情况就会变得更加麻烦，因为我们的思想会对事实造成干扰。

要做到客观，我们就必须公正、公平、开放，不带偏见或情绪，完全中立。情绪往往控制着一切，一旦将情绪移除，我们就不会再感情用事了。当然，我们还是不能忽视自己的感受，不过可以选择将其先放在一边。

想要变得更加客观，一个有效的方法就是停止"自动驾驶"模式。也许很长一段时间以来，我们都在疲于应对一个又一个的挑战，于是自动低下了头，只管继续一路向前。毕竟，我们太忙了，没有空坐下来，去改变那些迄今为止看起来有效的方式。

但是很可惜，这种固定的思维模式使得我们很难改变自己的行为，去寻找更好的方式来面对挑战。固定的心态限制了我们的信心，更具体地说，限制了我们对自己潜能的信心。

尝试体验一些全新的经历能够令思维更加开放。不要使用相同的解决方案来处理任务，尝试找到更有效的新方法。全新的经历可以让我们接触到更多的人、不同的文化和价值观，每一次经历都让我们得以重新调整自己可能抱有的偏见。

有一个保持客观性的窍门，即采取商业上常用的方法。例如，企业管理者和老板会使用成本收益分析进行决策，这是一种能够帮助我们了解优势和弱点的系统方法。

在商业活动中，这么做相对简单，因为你可以用数字来衡量成本和收益。而为了客观面对挑战，你同样可以创建一张收益和成本的列表，以此评估最有利的结果。

为了保持客观性，我强烈建议你先深呼吸，整理一下自己的想法和情绪，即使只是花 5 分钟写写日记。因为如果情绪还在纠缠着你，想要对它们置之不理就很难了。

然而，有些人对周围现实的看法完全不切实际。他们拒绝接受坏事的发生和苦难的存在。为此，有必要理解悲剧性的乐观主义的概念。

接纳痛苦，人生因苦难而成长

针对有毒的积极性的解毒剂是什么样子的呢？答案就是悲剧性的乐观主义！犹太大屠杀幸存者维克多·弗兰克尔（Victor Frankl）教授率先提出了"悲剧性的乐观主义"[①]的概念——这是一种面对逆境的生活方式。他还提出了"三重悲剧"：

1. 痛苦和折磨。
2. 内疚，因为我们做出了自己的选择，并要为这些选择负责。
3. 死亡，明白生命何其短暂。

没有人能够想象弗兰克尔在纳粹集中营的三年里所经历的

---

① 这一概念源于著名奥地利心理学家弗兰克尔的自传《活出生命的意义》（*Man's Search for Meaning*）。在这本书中，弗兰克尔首创了意义疗法。他提出的"悲剧性的乐观主义"是指即使身处"三重悲剧"当中，仍然一直保持乐观的情绪。——译注

那些痛苦和折磨、他目睹的死亡，以及他为自己活下来而感到的内疚。弗兰克尔认为，有必要从悲剧中吸取教训，找到人生的意义。这样人们才能获得真正的幸福。

研究表明，不同的人在经历悲剧事件之后会以不同的方式成长。例如，创伤之后的成长可能包括对生活更深层次的欣赏或对人际关系的感恩，还有些人变得更加富有同情心了，或是对自己的能力有了更好的认识，另一些人则找到了更伟大的目标。

新冠疫情就是悲剧性的乐观主义最贴切的例子。我们当然不可能对流行病心存感激，每个人都以这样或那样的方式受到了影响。但它改变了大多数人看待世界和自己生活的方式。

2020年的一项研究表明，在疫情暴发初期那可怕的几个月里，56%的人体会到了更多的感恩之情，也感到更加幸福了。

心存感恩和告诉自己要知足是有区别的。我们可以看着新冠疫情，想到情况可能会更糟，但这并不是对痛苦的接纳。相反，你其实是在告诉自己，你没有权利感到生气或不安。

要想取而代之，我们可以使用这样的话语：

- 尽管生活艰难，我仍对自己的生活心存感激。
- 经历过痛苦，我学会了感恩的重要性。
- 这是一段艰难的时期，但我很庆幸自己还在这里。
- 我生活中的一些人可能的确不好相处，但我很感激他们仍然在我身边。
- 我对这次挑战心存感激，因为我可以从中学习和成长。

在上述表述中，我们并没有假装痛苦和苦难不存在。相反，我们接受了苦难，还认识到它也可以带来一些好处。

合理驾驭情绪,应对突如其来的坏消息

就像困难和错误一样,我们在生活中不太可能完全避免坏消息。这并不是一种消极的态度,只是接受现实而已。学习如何应对坏消息,将有助于我们处理随之而来的情绪和想法。

在讨论应对坏消息的方法之前,我觉得有必要先来关注一下那些传达坏消息的人。

传达消息的方式会影响我们的反应。传达消息的这个人可能会显得漠不关心,甚至冷酷无情,但是我们无法控制他人,这也是事实。

关于坏消息的传达者,请记住以下要点:

- 人们并不会对你的坏消息幸灾乐祸。
- 人们想说正确的话,只是不知道该怎么开口。

- 在传达坏消息时，人们很难不想到自己。
- 人们并不会有意把事情弄得更糟。
- 如果人们表达出有毒的积极性，那是因为他们真的相信这种方式会有所帮助。

压力和焦虑有助于我们应对坏消息。这一点可能会让你感到惊讶，同时也证明了我们的身体是多么神奇，可以及时调整自己来应对消极的情绪，并利用接收到的信息做出适当的反应。

不同类型的坏消息也会影响你的反应。比方说，如果有人刚刚告诉你，你被裁员了，你会感到恐慌。你的脑子里一直在想：要如何找到一份新工作呢？该拿什么付账单？

然而，如果你一直纠结在这些问题上，将会错过一次学习的机会，无法获得反馈。愤怒或者攻击性的反应只会促使对方赶紧结束对话；乞求第二次机会或承诺以后会做得更好恐怕也远远不够，或是为时已晚，甚至那可能根本不是解雇你的理由。

你的想法和情绪可以晚一些再来处理，等你回到家以后。首先要做的是，充分利用这个具有挑战性的情况，问问别人你可以做些什么改进。你得到的反馈将会为你提供一次成长的机会。

至于那些更加具有毁灭性的消息，比如所爱之人的离去或者死亡，这样的消息从来都不易消化，所以，不要轻视你的情绪。

在这种情况下，首要之事是关注自己的健康。可怕的消息可能会让人喘不上气、头晕目眩甚至恐慌发作。坐下来，深呼吸。你无法预知自己在这种情况下会作何反应。你可能会感到愤怒，也可能觉得终于解脱了，或是深感空虚，但要记得花上几分钟深呼吸，不要让最初的情绪波动造成负面后果。

面对失去和悲伤时，我们常常还需要照顾他人。如果父亲去世了，你需要陪在母亲身边；如果伴侣离开了，你就要优先考虑孩子。这些事都是无法回避的。

然而，不要掉进陷阱里，总是把别人放在首位。时间流逝，你压抑着自己的情绪，无暇悲伤哀悼。

也许有那么一刻，所有依赖你的人都睡着了，而你也只想上床睡觉。试试看换个方式，利用这段安静的时间，去做那些你需要做的事情,把那些难受的情绪发泄出来,哭泣、唱歌、跳舞、尖叫、写日记、翻阅相册都行。

对不同的人来说,没有统一的答案——只是除了一点,你必须为自己腾出时间。

> **小练习**

SWOT 分析法

我们之前已经研究了情绪和思维模式,而现在这个练习则与客观性有关。这样一来,当我们整理自身情绪的时候,就可以更客观地思考解决方案了。

一种有效的方法就是 SWOT 分析法:

- 优势(Strength)——你的优势是什么?你有哪些有用的内在资源?你拥有哪些可以为自己带来竞争优势的积极品质?

- 弱点（Weakness）——你的弱点是什么？哪些因素使你处于不利地位？面对未来的挑战，你该如何做好准备？
- 机会（Opportunities）——有哪些机会可以提高你的技能？例如，参加课程或者学习 TED 演讲，你可以把这些活动看作带来积极条件的机遇。
- 威胁（Threats）——哪些威胁会影响到你的努力？其中可能包括外部因素或个人弱点。困难往往就像公共汽车。你可能会一连几个月甚至一年都没有遇到任何不寻常的困难，然后突然之间，好几个巨大的障碍一起向你袭来。

遇到坏消息，并不是因为你运气不好，也不是因为你做错了什么事情。接受事实会对你有所帮助。你不能自欺欺人，认为自己遭受的厄运已经够多了，之后的生活一定会开始好转。

如果害怕这些挑战，你就不会再去努力生活。但是，反过来看，假如你试图对所有的困难都进行提前准备、做好预防，也会因花费更多的时间去关注未来，而错过了当下。

　　克服生活中重大困难的最好方法，就是一直坚持管理好自己的情绪和想法。先去克服一些较小的障碍，这样你就能建立信心，当更大的挑战出现时也可以沉着应对了。

　　我们将要讨论的最后一个挑战是来自他人的有毒积极性。一旦你意识到有毒积极性的危险，就会发现人们对它运用得有多么频繁。然而遗憾的是，并不是每个人都拥有你学到的这些新知识。所以，当别人告诉我们应该作何感觉的时候，我们必须学会应对这些不同的情况。

第9章

当有毒的积极性
来自他人

于我而言，在了解到有毒的积极性及其可能造成的危害之后，我便开始发现它无处不在。我和一个朋友聊天，得到的最好的回答就是"最后一切都会好起来的"；我曾经使用社交媒体作为休息和放松充电的首选，现在却看到家人和朋友的帖子里只有那些传达积极信号的表情包。

你可能想忍不住大喊："难道你们看不出这事对你们有多大影响吗？"但那些人跟你不一样，他们还没有机会认识到什么是有毒的积极性。很不幸，有些人对此一无所知，另外一些人则是企图利用有毒的积极性从你这里谋取他们想要的东西。本章会重点介绍一些技巧，让你保护自己免受有毒的积极性影响。

与其反驳，不如直接表明内心感受

识别有毒的积极性十分容易，但是如果你不小心控制自己的反应，有些人可能会认为你太过消极，甚至会跟你叫板。如果不解释清楚你为什么不肯走上那条充满积极性的道路，他们是不会消停的。

也许这些人自己都没有发觉，他们想要控制你的情绪。不过，很遗憾这是不可能的，你之前付出的努力可不是白费的。

如果有人用有毒的积极性言论来帮助你，不要生气。你可能会感到气愤和沮丧，但生气其实并不恰当，这不是正确的情绪管理方式。

我们常常会以为，提供有毒建议的人内心不够强大，不足以应对真实的情绪。这是一种认知扭曲，因为我们是在肆意推测或揣摩别人的心理！只要不把负面情绪投射到他人身上，我们完全可以对他们谈论自己的感受。

想要告诉别人他们错了，也很不容易，尤其是在我们本身就心情不好的时候。所以没必要小题大做。相反，我们需要花点时间来分析对方的那些话让我们有何感觉。

谈话中可能会出现短暂的停顿，他们可能会对我们的问题或困难感到不适。但是，换个角度想，他们也可能只是找不到恰当的话语来填补沉默罢了。

与其深入探讨有毒的积极性的细节，不如跟他们直言你想从他们那里得到什么。也许你只是想发泄一下，也许你需要有人帮你出出主意。但除非你明确告诉他们，否则他们是无法知晓你的意图的。

下面是一些有用的句子，可以用来回应有毒的积极性：

- 我并不需要建议，只需要一个愿意倾听的人。
- 如果我把这件困扰我的事情说出来，你能不能帮我看看这种情况是否合理？

- 如果你认可我的种种情绪，我也会更容易接受它们。
- 我现在的感受只是暂时的。
- 我的经历并非都是积极的，有些甚至相当痛苦。
- 现在，我还在悲伤，这会帮助我继续前进。
- 有时候感觉不好也没关系。
- 我很感激，但这并不意味着我没有经历痛苦。

通常，这些句子会让谈话对象感觉如释重负。他们突然找到了方向，知道应该怎么做了。但这并不意味着有毒的行为会彻底停止。如果你注意到有人习惯于依赖有毒的积极性，可能需要和他们谈谈。

不过，要小心一点。从本质上看，你是在建议别人如何给出建议。如果这样做还不够，你就要告诉他们，他们的积极性实际上可能会造成相反的效果。在向人们指出这一点之前，最好先问问他们是否愿意接受反馈，或者是否听说过有毒的积极性。

为"中毒"的人提供帮助

假如有人不断地试图将有毒的积极性投射到你的身上,就是时候充分发挥你的共情能力了。如果告诉他们和你自己,一切都会好起来的,黑暗中总有一线希望之光,这种方式只会进一步加强他们的有毒的积极性。他们并不明白,那些积极的假象如玻璃一般脆弱,随时有可能碎裂。

如果你已经对某人的有毒积极性做出了反馈,但对方似乎无法理解你要表达的观点,那么,你要问问自己,是什么让他如此依赖这种积极性。

相比其他人,你一定更清楚自己的想法和感受。所以请问问自己,在生活中发生了什么事,才会导致一个人不断重复"只要快乐"的论调。

下次,当你注意到那些人试图拿出那套有毒的积极性时,不要告诉他们可能会带来什么后果。相反，询问他们是否愿意交谈，然后找个时间，摆脱干扰，坐下来倾听。

你拥有刚学到的新知识，可能会很想分享关于有毒积极性的建议，告诉他们应该接受自己的真实情绪。

但是，请先仔细聆听他们说的话，等他们需要的时候再提供建议。不要做评判，也不要对他们的情绪做出反应。

当然，有些时候，你可以正确地回应有毒的积极性，并为那些不断投射这种积极性的人提供支持。但另一些时候，你也有可能遇到一个自恋者。

谨防自恋者的操控

自恋者本身就非常危险,如果再加上有毒的积极性,你们的关系会达到一个更加黑暗的层面。在讨论自恋者如何利用有毒的积极性之前,让我们先考虑一下下面这个问题。

你可能一直在利用有毒的积极性来掩盖你与这个自恋者之间的问题。例如,你可能会告诉自己,事情并不像看起来那么糟糕,对方在内心深处还是爱你的,你很庆幸他出现在你的生活里。

这种描述不仅仅适用于伴侣,也可以出现在任何关系之中。将自恋者导致的情绪隐藏起来是不健康的,你理应拥有一段可以自由表达自身感受的人际关系。

也许你一直在努力将有毒的积极性从生活中清除出去,而这里就是你最后需要清理的地方,因为它也是最困难的。

不过，应用目前为止你所学到的所有方法，你应该已经有能力计划进行一次对话，同时控制住自己的情绪了。

自恋者喜欢的是一种理想化的自我形象。他们生活在幻想中，在他们的世界里，一切都是美好的。他们也要确保自己身边的人有着同样的感受。因此，如果你这一天过得很糟糕，将这种负面情绪带进了他们的生活，他们就会感觉受到了冒犯。

他们的行为以自我为中心，傲慢自大。如果一个自恋者问你今天过得怎么样，他其实是希望你能映射出他的积极性，回答说一切都很好。你没有权利表达任何负面情绪，而是要为了他们而隐藏情绪。毕竟，他们比你更重要。

如果你试图谈论自己正在经历的问题，或者想告诉他们你现在情绪低落，他们就会把矛头转向你，认为这都是你自己的过错，因为你缺乏积极的态度。

常见的自恋言论包括："你为什么总是心情不好？""你为什么就不能开心一点？"自恋者缺乏同理心，他们对你的情绪并不了解，也不关心。

这是一种极端的煤气灯操纵手法①。这个人最终会引导你质疑自己的想法，你会开始觉得自己是一个消极的人，过于敏感和情绪化。

在尝试与操纵者展开讨论之前，请先考虑一下他们的话是否言之有理。比方说，如果他们一直指责你消极，也可能是因为你只有跟他们在一起时才会表现消极。

自恋者的人际关系是单方面的。你必须提醒他们，如果想要把你们之间的关系维持下去，你的感觉、想法、价值观和信仰也需要受到尊重。

与自恋者分享你的期望也很重要。例如，如果你正与这样的同事打交道，需要提前让他们知道，这项任务需要合作，之后也要一起分享奖励或荣誉。

这样做可以向自恋者表明后果。例如告诉他们，要是无法

---

① 煤气灯操纵（gaslighting）又叫煤气灯效应，是一种情感操纵和情感虐待手段，施害者抓住对方急切想要寻求外界认可的需求，通过语言和行为让受害者逐渐怀疑自己、丧失自尊，从而臣服于操纵者。这一术语名称源自电影《煤气灯下》。——译注

表达自己的感受，你不会花时间跟他们交往。这样说话听起来很残酷，但是要想让自恋者明白他们的行为是不可接受的，这往往是唯一的途径。

如果任何谈话都无法阻止这位自恋者使用有毒的积极性，那么你就必须考虑是否应该结束这段关系了。

尽管也会做出承诺，但自恋者很少会改变。你可以使用成本收益法或 SWOT 分析法来做出客观的决定。

让更多的人了解有毒的积极性

有毒的积极性不应该成为禁忌话题。这个话题值得展开探讨，因为它可能会损害人们的健康与幸福，否定人们的感受和情绪。谈论有毒的积极性将有助于我们为负面情绪正名，将其视为自然和正常的存在。

我们会认为某些特定的话题是负面的。然而，如果朋友们谈论战争、时政、流行病、死亡等，并不会使他们成为消极的人。这些只不过是聊天的话题。

而当他们在谈话中加入有毒的积极性时，问题就出现了。

有一个好办法是寻找"反抗有毒积极性"的伙伴。你甚至可以设置一个升级版的存钱罐，不管谁说了有毒的积极语句就得受罚，往罐子里放点钱。因为有毒的积极性是如此司空见惯，建立一个伙伴系统可以用来监督自己，有助于打破这种习惯。

你也会发现，对于你们每个人而言，原本会被压抑的难过情绪，现在谈论起来都变得容易多了。

> **小练习**
>
> ### 给过去的自己写一封信
>
> 我们的最后一项练习是给过去的自己写一封信。请记住，其他人并不了解有毒的积极性，就像你在读这本书之前可能也对此没有觉察一样。为了帮助他人更好地理解这件事，可以练习给过去的自己写一封信，解释一下你学到了什么，你是如何从中受益的。
>
> 请写下有毒的积极性对你而言意味着什么，还有一些你曾经用过的有毒言语。谈谈你的各种情绪，以及你现在如何运用特定的技巧来管理情绪。告诉过去的自己，你现在感到多么自由，因为有毒的积极性再也不会拖累你了。

结语

积极性与积极的心态都是美妙而神奇的,引领我们享受当下。我们会变得更富有同理心和创造力,身心健康都会得到改善。

积极性本身并不是毒药,除非它被强加给我们。

一旦别人或社会开始告诉我们应该感到快乐,我们就会开始质疑自己。消极的自我对话以及对这些负面情绪的内疚和羞耻感,会导致焦虑、抑郁以及其他潜在的健康问题。

对于那些多年来饱受消极性和过度思考困扰的人来说,很容易落入陷阱,不断去重复一些积极肯定句,期望生活会变得积极。仿佛忽然之间，他们就看到杯子是半满的了①。

但是，只有当我们能够对积极性秉持现实的态度时，才会看到其中的好处。而现实就是，生活并不容易。

否认生活中存在失望、沮丧、失去、伤害、挫折和悲伤是不现实的，也是站不住脚的。生活是痛苦的。再多的积极思考练习也无法改变这个事实。

——罗伯特·埃蒙斯（Robert Emmons）

埃蒙斯完美地总结了这一点。生活在一个充满独角兽和彩虹的童话世界里是不现实的。即便没有新冠疫情，也会有其他事情引发痛苦和折磨，不管多少积极信号和正能量都无法阻止这一点。

而事实是，许多人仍然将这些痛苦视为消极的表现，不肯承认现实。对他们来说，最好是忽略所有的坏事情，假装它们

---

① "杯子是半满还是半空"是英文中的一种常见表达。面对同样的半杯水，乐观主义者会觉得杯子是半满的，而悲观主义者往往认为杯子是半空的。——译注

不存在。他们还没有发现，这样会使自己的人生经历受限。

情绪是非常复杂的。一旦我们理解了每种情绪都有其目的，为什么不应该压抑情绪就是显而易见的了。

每一种情绪都是真实有效的。不去理解他人的痛苦，而只是告诉他们要知足、要感恩，是一种相当傲慢的行为。没有人知道未来会发生什么，安慰别人生活会变得更好是无知的体现。

与其听信有毒的积极性并质疑自己，不如运用这本书中的技巧来更好地了解你是谁、你为什么会产生这些想法和情绪，以及如何应对。

如果让我选出三种技巧来帮助你塑造一种健康的思维方式，我会选择正念训练、目标法和写日记。这些方法不需要你进行大量分析，也不必投入任何金钱。你需要花费的只是时间。

科学家乃至怀疑论者都已经证明，正念对于身心健康有诸多好处。例如，正念训练可以帮助我们在面对巨大的压力和担忧时保持专注，从而找到内心的平静。

你可以使用正念工具 RAIN 四步法或引导式冥想视频来帮助你入门。请记住，最好从一次几分钟开始，每天留出 2~3 次练习的时间。一次正念训练如果超过 20 分钟，带来的好处就会递减，所以并不是说你做的时间越长，就能变得越积极。

目标法可以使我们更加专注、更有动力和保持自律。目标不仅仅与生活中的那些大事相关。例如，大多数人都想要早日还清房贷，或者来一次向往已久的度假。但是请不要忘记，想要达到长期目标，就要先从短期目标开始，这样才能保持动力。

最后，写日记给我带来了巨大的帮助。我经常遇到别人指手画脚，告诉我应该有这样的感觉，或者不应该谈论那件事，因此我非常不愿意与任何人谈论自己的生活到底是什么样的。

而写日记则可以帮助我练习如何去谈论自己的情绪，而不必担心受到别人的评判。它也给了我时间去应对生活中面临的挑战，以及随之而来的复杂情绪。

想要学会如何克服有毒的积极性、塑造更加乐观的前景，需要耐心和投入。因此，你可以先在本书中提到的所有方法里，选择一些最适合自己的。然后，每天练习这些技巧，坚持至少 6 周，直到它们成为日常生活的一部分。

即便如此，你仍然会遇到障碍，遇到难以对付的人。你应该为自己能够妥善控制情绪而自豪。你不必对别人的行为或情绪负责，可以自行选择用什么样的方式来回应他们。

不要为了那些仍然宣扬有毒的积极性的人而生气。我们都有可能举起手来，承认自己犯过同样的错误。尽管如此，现在你已经确切地知道应当如何克服这种被迫的、虚假的心态了。你已经准备好避免有毒的积极性，还会逐步帮助别人看清其中的危险。

感谢你阅读这本书。如果觉得有所收获，也欢迎你把它推荐给其他人。这么一来，更多的人也可以像你一样获益，我们可以共同创造出一个更具现实性的积极愿景。谢谢你，祝你好运——我对你充满了信心。

Toxic Positivity
Copyright © 2021 by Chase Hill
All rights reserved.
Simplified Chinese rights arranged through CA-LINK International LLC (www.ca-link.com)

中文简体字版专有权属东方出版社

著作权合同登记号　图字：01-2023-4053号

图书在版编目（CIP）数据

有毒的积极性 /（乌克兰）蔡斯·希尔（Chase Hill）著；彭颖 译. —北京：东方出版社，2023.11
书名原文：Toxic Positivity
ISBN 978-7-5207-3678-7

Ⅰ.①有… Ⅱ.①蔡…②彭… Ⅲ.①情绪—心理学 Ⅳ.① B842.6

中国国家版本馆 CIP 数据核字（2023）第 182321 号

有毒的积极性
（YOUDU DE JIJIXING）

作　　者：	[乌克兰] 蔡斯·希尔（Chase Hill）
译　　者：	彭　颖
策　　划：	郭伟玲
责任编辑：	王若菡
装帧设计：	谭芝琳　谢　臻
出　　版：	东方出版社
发　　行：	人民东方出版传媒有限公司
地　　址：	北京市东城区朝阳门内大街 166 号
邮　　编：	100010
印　　刷：	北京明恒达印务有限公司
版　　次：	2023 年 11 月第 1 版
印　　次：	2023 年 11 月第 1 次印刷
开　　本：	880 毫米 ×1230 毫米　1/32
印　　张：	8
字　　数：	115 千字
书　　号：	ISBN 978-7-5207-3678-7
定　　价：	52.80 元

发行电话：（010）85924663　85924644　85924641

版权所有，违者必究
如有印装质量问题，我社负责调换，请拨打电话：（010）85924602　85924603